융합을 알아야
자녀 공부법이 보인다

초등맘이
꼭 알아야 할
**STEAM,
융합인재교육**

융합을 알아야
자녀 공부법이 보인다

· **조미상** 지음 ·

더메이커

융합형 인재는 초등 시기에 만들어진다

"책은 가장 조용하고 변함없는 벗이다.
책은 가장 쉽게 다가갈 수 있고 가장 현명한 상담자이자,
가장 인내심 있는 교사이다." - 찰스 W. 엘리엇

나는 오랫동안 동화책이나 학습용 도서를 펴내는 출판사에서 일해 왔다. 어린이 책을 만드는 일은 아이들에게 훌륭한 친구이자 스승을 소개해 주는 일이기에 늘 자부심을 느낀다. 출판사에서 교육을 담당하고 있는 나는 최근 몇 년 동안 '스팀(STEAM) 융합교육'과 관련된 도서를 다루면서 학부모들에게 아직 생소한 '스팀 교육'을 널리 알리는 일을 하고 있다. 스팀을 주제로 학부모 강좌를 열어 학부모

들과 소통하다 보면 자녀교육에 대한 올바른 정보가 아이의 인생을 바꿀 수도 있다는 사실을 절감한다. "아는 만큼 보인다."는 말이 있듯이 부모가 자녀교육에 눈을 뜨는 만큼 시행착오를 줄일 수 있다. 그래서 학부모들에게 (시대의 흐름에 맞는) 양질의 교육 정보를 주는 일은 나에게 무척 소중하고 보람 있는 일이다.

교육 정책과 제도의 잦은 변화로 혼란스러워 하는 학부모들을 자주 본다. 바뀌는 교육 정보를 얻기 위해 동분서주하는 학부모들도 많다. '스팀과 초등 개정 교육'에 관한 주제로 강의를 하면 약 5세 엄마들부터 청강을 한다. 그 중 가장 눈빛이 반짝이는 엄마들은 7세 맘들로 예비 초등 맘들이다. 이 예비 초등 맘들은 마치 자신이 입학을 하는 것처럼 긴장감과 열정을 보인다. 그런데 이런 열정 초등 맘들을 만날 때마다 아쉬움과 안타까움이 있다. 자녀들이 시대에 맞는 공부를 할 수 있도록 제대로 된 정보를 가지고 올바른 코칭을 해 줘야 하는데, 그 열정 맘들은 대부분 과거 자신이 학창시절에 일방적으로 가르침을 받았던 방식에만 익숙하다. 안타깝게도 이런 학부모들은 미래에 살아갈 아이들을 자신에게 익숙한 과거의 방식으로 아날로그 코칭을 하고 있는 것이다.

나는 종종 학부모들에게 한 가지 질문을 한다.

"자녀 교육의 정보는 주로 어디에서 얻나요?"

학부모들 중 80%는 예나 지금이나 "옆집 엄마요."라고 대답한다. 최근 몇 년 사이 인터넷을 통해서 정보를 얻는다는 답변도 늘어나고 있지만 아직까지 옆집 엄마의 파워는 상당하다. 그런데 자녀를 등교 시킨 후 옆집 엄마와 티타임을 가지며 나누는 자녀 교육 이야기가 과연 내 자녀를 위한 제대로 된 정보라고 볼 수 있을까? 또 비판적인 사고 없이 인터넷을 통해 얻은 정보가 내 자녀에게 알맞은 진짜 정보일까? 우리는 자녀의 올바른 교육을 위해 이 점을 다시 생각해 볼 필요가 있다. 남들이 모두 알고 있는 것은 더 이상 최신 정보가 아니며 남의 자녀가 성공한 비결이 내 자녀에게 비결이 될 수 있다는 보장도 없다. 중요한 것은 옆집 아이의 성공비결이 아니다. 우선 급변하는 사회 변화를 제대로 인식하고 내 자녀를 면밀히 관찰하여 자녀의 특성을 이해한 다음 내 자녀에게 맞는 맞춤형 교육을 시작해야 한다.

지금 대한민국은 교육의 변화와 혁신의 중심에 있다. 자녀를 키우는 엄마는 이 교육의 변화와 혁신이 왜 필요한지를 이해하고, 미래사회에서 요구하는 능력은 무엇인지, 내 아이가 미래사회에 필요한 인재가 되기 위해서 어떤 역량을 키워야 하는지를 제대로 이해하고 자녀의 든든한 지원군이 되어야 한다.

현재 우리나라의 교육 혁신 중 가장 핵심이 되고 있는 융합인재교육(STEAM)은 시범학교 운영기간을 포함해서 어느덧 6년차가 되었다. 그럼에도 현장에서 만난 대부분의 학부모들은 융합인재교육에 대해 아직도 인식이 많이 부족한 상태다. 이 책을 쓰게 된 계기도 그런 안타까움에서 시작되었다. 다수의 학부모들은 교육과정이 바뀌었음을 알고 있지만 스팀(STEAM)의 정확한 개념과 융합인재교육의 진정한 목표는 무엇인지, 왜 세계 교육은 스팀을 화두로 내세우는지, 융합형 아이로 키우려면 어디에서부터 어떻게 시작해야 하는지 생소하면서도 막연해 할 뿐이다. 학부모들은 융합 교육을 받은 세대가 아니기 때문이다. 그래서 융합 사회에 살고 있으면서도 대부분 융합적인 사고가 익숙하지 않으며, 자신이 과거 학교에서 공부했던 방식의 과목별 학습만 생각한다.

융합인재교육의 첫 단계인 초등 학령기는 초·중·고 12년 학령기에 있어 학습의 기초체력을 만드는 가장 중요한 단계이다. 그런데 이 중요한 단계에서 학습의 주도권과 학습도구의 선택권은 대부분 엄마에게 있다. 이 중요한 초등 단계에서 학습의 주도권을 행사하는 엄마들이 과거 전통적인 학습방법으로 아이들을 지도하면 그 아이들은 미래형 아이가 되기 어렵다. 그래서 나는 그런 학부모들에게 세상이 달라졌다는 것을 알려주고 싶다. 미래를 준비하는 자녀들에게 과거 교육방식은 더 이상 통하지 않는다는 것을, 대한민국 교육에도 새 바람이 불고 있다는 것을 느끼게 하고 싶다.

학부모들이 이 책을 통해 세상의 변화와 그로 인한 대한민국 교육의 변화를 깨닫고, 전 세계가 추구하는 교육의 방향을 이해하길 바란다. 특히 전 세계 교육 키워드로 부상하고 있는 'STEAM'에 대해 정확하고 구체적으로 이해하고 초등 자녀에게 준비시켰으면 한다. 그래서 공교육에서 본격적으로 도입한 STEAM형 개정 교과서를 분석해보고, 바뀐 평가 유형에 대해서도 다시 점검해 보았다. 그리고 진화하고 있는 대한민국 'STEAM 교육'에 적응하고 주도하는 아이로 키우기 위해 생활 속에서 어떻게 연습하고 훈련시킬 것인지, 그것을 학교 통합수업에서 어떻게 표출하게 할 것인지 방법을 제시하였다.

미래로 갈수록 융합형 사고방식은 선택사항이 아니라 필수사항이 될 것이다. 사고가 유연한 초등 시기는 융합형 인재의 바탕을 형성할 수 있는 첫 시기이다. 따라서 초등 학부모들은 자녀가 융합형 인재가 될 수 있도록 환경을 제공해 주고 융합적으로 생각하는 습관을 가질 수 있도록 잘 이끌어 주어야 한다. 그러기 위해서는 엄마가 먼저 융합을 제대로 알아야 한다.

부디 이 책을 읽는 학부모들이 'STEAM, 융합인재교육'에 대해 머리가 아닌 마음으로 받아들여, 자녀들이 미래사회의 인재로 성장해 자신감 있고 행복하게 살아갈 수 있도록 도와주는 미래형 학부모가 되었으면 한다.

지식보다 중요한 것은 상상력이다.

- 알버트 아인슈타인

PART 1

융합사회
삶의 룰이 바뀌고 있다

세상은 손안에서 융합되고, 지식은 아웃소싱한다

부모가 원하는 자녀의 직업은 과거형일까, 미래형일까

미래교육과 융합사회가 원하는 인재

미래의 아이들은 'only one'이어야 한다.

'only one'은 하나의 기준으로 정한 서열에서 최고가 되는 것이 아니라

다수 속에서도 자신만의 독창적인 강점을 가지고

'유일한 나'를 만드는 것이다.

세상은 손안에서 융합되고,
지식은 아웃소싱한다

몇 해 전부터 기술, 경제, 교육 분야 등 사회 전반에서 '융합'이라는 단어가 자주 등장하고 있다. '미래에는 융합이 필요하다' 또는 '창의적 융합이 중요하다'며 사회 각계에서 강조하고 있지만 사실 이런 것들이 마음 깊이 와 닿지 않는 사람이 더 많을 것이다. 게다가 아날로그와 디지털의 경계에서 살고 있는 세대들에게 '융합'은 마치 특정인들의 전유물처럼 보일 것이다. 그러나 우리는 이미 모든 것이 서로 통합되고 네트워킹 되어 있는 융합사회에서 살고 있다. '융합'은 남 얘기가 아닌 것이다.

한 예로 현재 여러분 가정에 스마트폰 사용자가 몇 명인지 생각해 보라. 만약에 여러분 가족이 부부와 10대 이후의 자녀 둘이 있는 4인 가족이라면 스마트폰을 최소한 3개에서 4개 정도 소유하고 있을 가능성이 높다. 어쩌면 이보다 더 많을 수도 있다. 직업상 스마트폰을 2개 이상 사용하는 사람도 늘고 있기 때문이다. 최근 미래창조과학부의 발표를 보면 국내 이동전화 가입자는 6천만이 넘었고, 그중 약 70% 이상이 스마트폰 가입자라고 한다. 그야말로 스마트폰 시대다. 이처럼 대중화된 스마트폰이 바로 '융합'의 대표적인 아이콘이다.

그럼에도 대부분의 사람들은 자신이 융합과 상관없는 삶을 살고 있다고 생각한다. 그러나 우리는 이미 지식 기반의 융합사회에서 만들어진 소산물들을 이용하며 살고 있다.

내 손안에 24시간이 들어있다

스마트폰은 기존의 전화기, 사진기, 녹음기, mp3, TV, 컴퓨터 등 이미 존재하고 있는 것들을 하나로 융합하여 재창조한 것이다. 이로 인해 세상은 기존의 지식과 기술을 융합하여 다른 관점의 새로움을 창조하는 재창조의 시대를 활짝 열게 되었다. 이제 스마트폰은 우리에게 없어서는 안 될 물건이 되었고, 우리는 스마트폰으로 다양한 일들을 처리하며 손안에서 전 세계를 볼 수 있게 되었다.

프리랜서 K의 일상을 통해 손안의 스마트폰이 우리의 하루를 어떻게 바꾸어 놓았는지 보자.

K의 하루를 열어주는 것은 스마트폰 알람이다. 그는 알람 소리와 함께 잠에서 깬다. 출근 준비를 하는 동안 스마트폰으로 기분을 상쾌하게 해주는 음악을 듣거나 때로는 뉴스를 듣는다. 출근 준비를 끝내고 자동차에 타면 스마트폰에 어플로 깔린 내비게이션을 실행시켜서 이동 노선과 소요시간을 체크한 후, 내비게이션과 도착지까지 동행한다.

그는 사무실이 따로 없는 오피스리스 워커다. 그러나 업무 처리에 아무 문제가 없다. 손안에 있는 스마트폰으로 충분하기 때문이다. 상황에 따라 다르지만 업무는 전화, 문자로 대부분 처리가 가능하다. 알림 설정을 해 놓은 이메일을 수시로 확인하고 바로 답변을 작성하여 상대에게 다시 전송을 한다. 또 업무와 관련된 정보를 확인하기 위해 스마트폰으로 인터넷에 수시로 접속하여 어떤 정보든 검색할 수 있으며, 해외에 있는 동료와 영상통화로 업무 미팅도 가능하다. 사무실이 없어도 어디서든 비즈니스 미팅을 하며 동시에 스마트폰을 이용하여 필요한 업무를 처리할 수 있다.

일과를 마친 K는 다시 스마트폰 내비게이션을 이용하여 최적화된 길을 안내 받으며 귀가한 후 저녁 식사를 준비하기 위해 스마트폰으로 인터넷에 접속한다. 인터넷의 다양한 사이트에는 원하는 음식을 만들기 위한 훌륭한 레시피가 가득하다. 그 레시피를 이용하여 식사를 하고 하루의 피로를 풀기 위해 보고 싶었던 드라마를 스마트폰으로 시청한다. 드디어 긴 하루가 끝나는 시간이 되면 잠자리에 들기 전 스마트폰에 메모된 다음날 일정을 체크하고 기상 알람을 저장한다. 그리고 편안한 잠을 청하기 위해 스마트폰에 깔아 놓은 수면음악을 30분간 설정해서 실행시킨 후 스마트폰과 함께 잠이 든다.

이처럼 K의 일상은 이젠 스마트폰과 떼려야 뗄 수 없는 관계가 되었다. 프리랜서 K에게 스마트폰은 이미 일상이고 오피스이며 기억장치이고 취미생활 도구이다.

세계를 하나로 소통시키는 SNS

스마트폰은 사람들의 손바닥 안에서 전 세계의 사람들을 실시간으로 연결시키고 있다. 소셜 네트워크 서비스(Social Network Service, SNS)는 웹상에서 이용자들이 인맥을 형성할 수 있게 해 주는 서비스이다. 세계적으로 가장 성공한 SNS로 알려진 페이스북은 2004년 하버드대 학생이었던 마크 저커버그가 개설한 사이트다. 당시는 하버드대 학생만 이용할 수 있도록 제한된 사이트였으나 점점 가입자 수가 늘어난 페이스북은 2016년 현재 전 세계인 15억을 가입시킨 SNS 분야의 선두주자다. 가입자의 70%는 미국이 아닌 다른 국가에 거주하는 사람들이라고 하니 전 세계인이 이 SNS를 통해 하나로 연결되고 있는 것이다.

과거에는 자신이 사는 지역 또는 자국 내에서 관계가 있는 소수의 사람들과 개인적이고 소극적인 소통을 했다면, 현재를 살아가는 현대인들은 세계적으로 넓은 인맥을 형성하고 실시간으로 소통을 하며 정보를 공유하고 있다. 이들은 개인에서부터 국가에 관련된 정보와 콘텐츠, 정치, 사회·문화적 이슈 등을 공유하며 국가의 경계를 없애고 있다.

더구나 스마트폰의 대중화로 언제 어디서나 실시간 소통이 가능해졌기 때문에 나라마다 다양한 종류의 SNS가 넘쳐난다. 개인의 관심사를 알리고 이를 활용한 마케팅이나 혹은 기업의 전문 마케팅, 유명 스타들이 자신의 사생활이나 사진들을 올리고 대중과 소통하는 등 이제 SNS는 개인 간의 커뮤니케이션을 넘어 취미, 문화, 정치, 경제까지도 세계적으로 융합시키고 있다.

지식과 정보는 아웃소싱으로 해결한다

이처럼 새로운 방식으로 네트워킹된 융합사회는 전 세계의 사람과 사람 또는 지식과 정보를 통합해 가고 있다. 스마트폰과 SNS의 대중화는 세계를 하나로 융합하고 있으며 그로 인해 지식정보의 양을 폭발적으로 늘어나게 했다. 과거에는 지식정보의 양이 2배로 증가하기까지 150년 이상이 걸렸다. 그러나 현대의 지식정보는 증가 속도가 점점 빨라져 약 2030년경에는 75일 만에 지식정보가 2배로 늘어나게 된다고 한다.

지식정보의 증가 속도(OECD 통계)

이처럼 지식정보의 홍수 속에 사는 사람들은 전문 지식인을 통해 지식을 배우거나 배운 지식을 두뇌에 전부 저장해 둘 필요가 없다. 오늘날 우리가 알고자 하는 전 세계의 모든 지식정보는 인터넷만 접속하면 검색엔진을 통해 찾아볼 수 있기 때문이다.

와인이 마시고 싶은 어느 날, 집에 와인은 있는데 와인따개가 없다면 여러분은 어떻게 할 것인가? 아마 십중팔구는 즉시 인터넷에 접속해서 검색을 할 것이다. 그리고 와인따개 없이 와인을 마실 수 있는 갖가지 방법에 감탄을 금치 못할 것이다.

이처럼 개인이 가질 수 있는 정보력과 기억력에 한계가 있는 인간은 이제 자신에게 꼭 필요한 지식만 기억 속에 저장하고, 하루가 다르게 늘어나고 있는 대부분의 지식정보는 온라인의 검색엔진 네이버, 구글, 위키피디아 등에게 아웃소싱(outsourcing : 기업 외부에서 필요한 것을 마련하는 방식의 경영전략)하면 된다. 게다가 다양한 동영상을 제공하는 '유투브', 가치 있는 아이디어를 공유하는 강연회 'TED', 전 세계 유명한 대학의 무료 온라인 강의를 제공하는 '무크' 등에서 누구나 원하기만 하면 손쉽게 전문지식을 습득할 수가 있다.

하지만 지식을 기반으로 하는 정보화 사회에서는 검색하는 인간 곧, 지식의 소비자 역할에만 만족해서는 안 된다. 아웃소싱된 지식정보의 올바름을 판단할 수 있는 비판적인 사고력을 가지고 자신의 것으로 다시 만들어 내는 지식의 생산자가 되어야 한다.

그렇다면 학부모는 이렇게 바뀐 세상에서 자녀의 에너지를 어디에 어떻게 써야 할지 진지하게 생각해 볼 필요가 있다.

부모가 원하는 자녀의 직업은
과거형일까, 미래형일까

학부모는 자녀가 미래에 갖게 될 직업에 관심이 많다. 자녀가 적성과 소질에 맞는 직업을 찾도록 도와 주는 것이 부모의 도리이기 때문이다. 어떤 부모는 자신이 좋다고 생각하는 직업을 자녀가 선택하기를 바라기도 할 것이다.

직업은 사회의 변화와 시대적 요구를 반영한다. 그래서 시대에 따라 사람들이 선호하는 직업은 바뀔 수밖에 없다. 다음 표와 같이 시대별 직업의 변천사를 보면 서커스 단원, 전차 운전사, 전화 교환원, 다방 DJ 등 현재는 없어진 직업도 있고 벤처기업가, 커플매니저 등 사회변화에 따라 새롭게 등장하는 직업도 있음을 알 수 있다.

최근에는 앱 개발자, 웹툰 작가, 게임 개발자 등 과거에는 상상조차 할 수 없었던 신종 직업이 등장했다. 현재 우리나라의 직업 수는 약 1만1655개로 미국의 3분의1 수준이고 일본에 비해서도 5000개 정도가 적다고 한다.

이렇게 나라마다 또는 시대에 따라 직업의 종류가 다양하고 인기 있는 직업도 다르다. 여기서 한 가지 고려해야 할 것은 부모가 생각하고 있는 현재의 유망한 직종이 과연 아이가 성장한 후에도 유망할지, 또는 그 직업이 미래에도 남아있을지는 확신할 수 없다는 점이다.

1950년대	1960년대	1970년대	1980년대	1990년대	2000년대
공무원	가발기술자	건설기술자	광고기획자	가수	공인회계사
군장교	교사	기계엔지니어	드라마프로듀서	경영컨설턴트	국제회의 전문가
권투선수	다방 DJ	노무사	반도체엔지니어	공무원	사회복지사
서커스단원	방송업계종사자	대기업 직원	선박엔지니어	벤처기업가	생명공학 연구원
영화배우	버스안내양	무역업 종사자	야구선수	연예인 코디네이터	인터리어디자이너
의사	섬유엔지니어	비행기 조종사	외교관	외환딜러	커플매니저
의상디자이너	은행원	전당포 업자	증권·금융인	웹마스터	프로게이머
전차운전사	자동차엔지니어	트로트 가수	카피라이터	펀드매니저	한의사
전화교환원	전자제품기술자	항공 여승무원	통역사	프로그래머	호텔 지배인
타이피스트	택시운전사	항공엔지니어	탤런트	M&A 전문가	IT 컨설턴트

출처 : 〈한국직업발달사〉 김병숙, 〈한국직업변천사〉 이종구

인공지능과 로봇이 대체하는 일자리

새로운 기술이 개발되면 산업 구조가 변하고 그에 따라 직업 구조도 바뀐다. 3D 프린터, 인공지능 로봇, 무인 자동주행 자동차 등이 우리 생활과 밀접해질수록 이것들로 대체 가능한 직업은 사라질 수밖에 없다. 로봇의 생산 단가가 낮아지면서 사람 대신 로봇을 사용하는 기업이 늘고 있고, 인간보다 적은 비용으로 더 많은 일을 할 수 있는 인공지능 로봇은 단순 제조업 분야를 넘어 그 이상의 일을 할 수 있게 되었다.

미국 노동성은 10~20년 후에는 미국 총 고용자의 47%를 차지하는 직업이 자동화될 가능성이 높다고 분석했다. 특히 사무직과 행정직, 배송과 물류서비스, 생산직 대부분은 로봇과 인공지능으로 대체될 것이라고 했다. 즉, 단순 반복 노동이나 속도와 정확성을 필요로 하는 대부분의 일은 로봇으로 대체된다고 볼 수 있다.

미래학자 토마스 프레이는 "로봇과 인공지능의 발전으로 2030년이면 일자리 20억 개가 사라질 것이다. 2030년이면 드론으로 매주 4~5개의 물품을 배송 받고 자율주행 자동차로 여행을 하며 3D 프린터로 음식을 만들어 먹을 것이다."라고 예측했다. 그렇다면 학부모는 아이들이 살아갈 머지않은 미래에 자녀가 어떤 직업을 가질 수 있도록 안내해야 할까?

미래에는 직업의 개념이 바뀐다

인류는 자동화로 인한 편리함 그리고 경제적 풍요로움 속에서 발전을 거듭하고 있지만 이로 인해 우리의 직업이 위협을 받고 있는 것 또한 사실이다. 그러나 다행히 많은 미래학자들이 직업의 수가 줄어들더라도 일거리는 부족하지 않을 것이라고 판단한다. 자동화나 기술 발전으로 일자리 하나가 소멸할 때마다 인터넷과 관련된 일자리가 2.6개 탄생했다는 맥킨지글로벌연구소의 긍정적인 자료도 있다. 그렇지만 미래의 직장과 직업은 지금과 다른 개념이 될 것은 분명하다. 신기술의 개발이 거듭됨에 따라서 없어지는 일자리와 새롭게 등장하는 일자리의 세대교체가 수시로 생길 수밖에 없다.

이런 사회 환경에서 '평생 직장'은 사라질 것이며, 한 사람이 평생 여러 직장을 거치면서 직업을 수시로 바꾸게 될 것으로 예측되고 있다. 이것은 직업의 수명이 점차 짧아져서 개인은 평생 새로운 직업을 찾아야 하는 직업 생태계에 적응해야 하고, 자신의 고유한 가치를 다양한 직업으로 활용하기 위해서 많은 노력이 필요하다는 사실을 뜻한다.

현재 미국 직장인의 경우 평생 11개 정도의 직장을 거친다고 한다. 그런데 더 복잡해지고 다양한 분야의 융합이 일어나는 미래 사회에서는 일자리와 일거리의 변화가 더 심화될 것이다. 또한 직업의 형태도 하나의 직업을 가지고 한 분야만 전문으로 일을 하는 것이 아니라 자신의 능력에 따라 동시에 여러 개의 직업을 병행할 수도 있을 것이다.

only one

현재도 이와 유사한 방식으로 일을 하는 프리랜서가 여러 분야에 있다. 한 예로 《관점을 디자인 하라》의 저자 박용후는 현재 10개가 넘는 회사의 마케팅 담당자로 상황에 따라 여러 개의 명함을 사용하는 자유 직업인이다. 하지만 그는 출근할 사무실도 없고 직원도 없는 오피스리스 워커다. 그는 각각 다른 회사의 프로젝트를 동시에 수행하며, 하나의 프로젝트를 끝내고 회사를 떠날 때 "회사를 그만두는 것이 아니라 졸업한다."고 표현한다. 그는 이런 자신을 'one of them'이 아니라 'only one'이라고 자신 있게 말한다. 이처럼 누구와도 대체 불가능한 'only one'이 되기 위해서는 어떻게 해야 할까?

인공지능 로봇과 함께 살아가야 할 미래의 아이들에게 현재 인기 있고 유행하는 직업을 권유하면 결국 아이를 과거형 직업으로 이끌게 될 가능성이 높다. 또한 그 직업은 곧 사라질 수도 있고 전혀 다른 모습으로 변형되어 있을 수도 있다. 그러므로 아이들에게 지금 필요한 것은 직업을 정하게 하는 것보다 사회 변화를 예측할 수 있는 안목을 키워주는 것이다. 동시에 아이들이 진짜 잘할 수 있는 것과 흥미를 갖는 분야를 찾아 주는 것이다.

미래 사회가 요구하는 것은 학력(學歷)이 아니다. 급변하는 사회에 필요한 것을 수시로 배울 수 있는 역량 즉, 학력(學力)이다. 100세 이상을 살아가며 변화하는 시대에 맞춰 끊임없이 일거리를 찾기 위해서는 자신의 강점을 최대한 활용해야 한다. 자신의 강점을 찾아 끊임없이 개발하려는 의지와 스스로 학습할 수 있는 학력(學力)이 평생 새로운 일에 도전하여 직업으로 만드는 일을 가능하게 할 것이다.

미래의 아이들은 'only one'이어야 한다. 'only one'은 하나의 기준으로 정한 서열에서 최고가 되는 것이 아니라 다수 속에서도 자신만의 독창적인 강점을 가지고 '유일한 나'를 만드는 것이다.

미래교육과 융합사회가
원하는 인재

변화는 그것을 인지하고 받아들이는 사람에게만 의미가 있다. 내 손
안에서 세상을 들여다보고, 홈 사물인터넷으로 집을 디지털 환경으
로 바꾸고, 자동화 시스템의 편리를 누리고 살고 있다고 해도 이런
변화가 인간에게 어떤 영향을 미치게 되는지 알려고 하지 않는다면,
그것은 변화된 환경을 누리며 감탄만 하고 있는 것일 뿐 정작 자신
은 세상의 변화를 인지하지 못하고 있는 것이다.

　'자고 일어나니 바뀌었다'는 표현처럼 세상은 급하게 변하고 있
다. 특히 첨단과학기술의 발달에 따라 앞으로의 변화 속도는 상상이
안 될 정도다. 지금도 세상은 사람과 사람이, 사람과 사물이, 사물과

사물이, 사람과 인공지능이 융합되고 있으며 시간과 공간이 융합되어 이전과는 다른 역사를 쓰고 있다. 이런 세상의 급격한 사회 변화는 세계 교육 현장에서 교육 시스템의 변화와 혁신을 일으켰다. 대한민국 역시 이 변화의 물결에서 예외가 될 수 없으며 새로운 교육 시스템으로 전환은 시대의 필수적 요구라 할 수 있다.

미래교육 뉴스를 말씀 드리겠습니다

최근 한 TV프로그램에서는 교육 전문가와 미래연구소 연구자들이 패널로 나와서 미래교육에 관한 토론을 했다. 아직 주입식 교육이 일반적이고 표준화 시험으로 아이들을 서열화하고 있는 현실에서 미래교육에 관한 이런 토론은 참으로 흥미로웠다. 이 프로그램에서 나온 '미래교육 뉴스'라는 가상 시나리오를 통해 대한민국 미래교육의 변화를 예측해 보자.

미래교육 뉴스를 말씀드리겠습니다.

첫 번째 소식은 최근 인간의 뇌 속에 든 정보와 지식을 가상공간에 올리는 '브레인 업로드'를 이용한 온라인 거래가 급증하고 있다는 소식입니다. 개인의 사생활 침해라는 부정적인 요인에도 불구하고 자신의 뇌 속에 있는 지식정보를 이용하여 수익을 얻으려는 판매자와 자신의 부족한 지식을 충족시키려는 구매자 사이의 거래는 점점 증가되고 있는 추세입니다.

다음은 이번 2월 졸업식을 끝으로 대한민국의 마지막 학교였던 '한국고등학교'가 폐교를 결정했다는 소식입니다. 이로써 대한민국의 전국 초·중·고교는 하나도 남지 않게 되었으며 학교는 역사 속으로 사라지게 되었습니다. 주입식 대량학습으로 지친 아이들이 학교를 떠나고 그 대안으로 생긴 '맞춤형 학습'이 안정화 단계에 들어섰습니다. '맞춤형 개별 학습'이란 비슷한 적성과 관심을 갖고 있는 학생들이 학습조합을 만들고 그 때마다 필요한 교사를 찾아 도움을 받는 것입니다. 아직은 학교의 필요성을 주장하는 일부 단체가 있지만, 변화된 맞춤형 교육환경으로 청소년들의 삶의 질이 껑충 뛰어올라 삶의 만족도는 90% 이상이 되었고 아이들은 얼굴에 활기를 다시 찾았습니다.

마지막으로 최근 '나노 대학'에 밀린 일반 대학은 점차 폐교 위기에 놓여 있다는 소식을 전해드립니다. 신기술이 등장하자마자 과정을 개설하는 '나노 대학'은 일반대학의 4년 과정을 대폭 줄여 3개월 만에 학위 취득이 가능하도록 하여 학생들의 호응도가 훨씬 좋다고 합니다.

지금까지 미래 대한민국의 교육을 예측해 본 가상뉴스였습니다.

물론 이 뉴스는 가상 시나리오다. 하지만 이것은 현재의 사회 변

화를 기반으로 한 가까운 미래에 실현 가능한 시나리오인 것이 확실하다. 미래학자들은 인공지능이 인간의 지능을 넘어서는 임계점을 2045년으로 예상하고 있으며 그 때가 되면 어떤 일이 벌어질지 예측하기 어렵다고 말한다. 이에 발맞추어 학교에서는 일방적인 주입식·강의식 교육에서 탈피하여 학생 주도의 맞춤형 배움이 일어날 수 있도록 환경을 개선하는 노력이 이어지고 있으며, 학교와 교사의 역할 또한 점점 바뀌고 있다.

또한 많은 미래학자들은 10년 이내에 세계 대학의 절반이 사라질 것이라는 예측을 하고 있다. 미국의 다빈치 연구소에서는 세계 최초로 3개월 또는 1년 이내에 마이크로 학사증을 수여할 수 있도록 주정부로부터 승인을 받은 '마이크로 칼리지'를 운영하고 있다. 이렇듯 세계는 전통적인 교육 시스템에서 벗어나 시대에 맞는 인재를 키우기 위한 미래형 교육 시스템으로 빠르게 바뀌어 가고 있다.

융합사회가 원하는 인재

미래 사회는 새로운 가치를 창출할 수 있는 인재를 원하고 있다. 대부분의 지식정보를 검색엔진에게 아웃소싱하고 있는 현대인들에게는 많은 지식을 소유하는 능력이 아니라 자신에게 필요한 지식정보를 찾아내고 그것을 상황과 목적에 맞게 활용할 수 있는 능력이 필요하다. 즉 대량의 지식정보를 기반으로 새로운 것을 창조해낼 수 있는 역량을 갖춘 인재가 요구되고 있다.

미래형 인재에게 특히 요구되는 세 가지 역량을 살펴보자.

첫째, 미래사회는 문제를 찾아내고 정의해내는 능력을 요구한다. 정해진 문제를 풀어서 정답을 맞히는 능력은 그다지 중요하지 않다. 세상은 정형화된 문제들로 이루어져 있지도 않고, 한 가지 답만 있는 것도 아니다. 과거에는 맞았던 답이라도 미래사회의 문제에는 적용할 수 없게 되기도 한다. 따라서 정답만 요구하는 교육은 미래지향적 교육이 아니다. 아이를 미래형 인재로 키우기 위해서는 다가올 상황을 예측하고 추론하여 문제를 미리 발견할 수 있는 능력을 길러주어야 한다.

둘째, 인공지능 로봇이 할 수 없는 '생각을 할 줄 아는 사람'이어야 한다. 그것은 바로 상상력이다. 이 상상력은 남이 생각하지 못하는 창의성을 갖게 한다.

상상력은 타고나는 것이 아니다. 상상력, 사고력은 누구나 연습으로 키울 수 있다. 사고력을 연습한다는 것은 생각을 많이, 자주 하는 것이다. 물론 아이들이 스스로 생각 연습을 하는 것은 쉽지 않은 일이다. 그러므로 아이들에게 생각 훈련을 할 수 있는 환경을 제공해야 한다. 부모가 질문을 통해 생각할 기회를 준다거나, 책을 자주 접하게 하여 스스로 생각하는 힘을 키우게 한다거나, 다양한 시각을 보여주는 좋은 영상이나 디지털 매체 등을 수시로 접하게 하면 아이들의 생각의 그릇은 커진다. 이런 사고력 훈련으로 생각하는 힘이 커질수록 아이들은 자기 자신의 내면과 대화하는 힘이 생기고, 옳고 그름을 분별할 줄 아는 비판적인 사고력을 함양하게 되며, 상상력과 창의성은 증진된다.

마지막으로 미래형 인재는 동료와 협력하고 소통하고 공감할 수 있는 인성을 갖추어야 한다. 지금은 혼자 공부하거나 혼자 일해서 성과를 올리는 시대가 아니다. 학교나 사회에서 주어진 문제를 해결하기 위해서는 동료들과의 협조가 필수인 세상이다. 이에 따라 교육 시스템도 하나의 주제를 가지고 융합하고 과목을 통합하는 스팀교육으로 바뀌었다. 스팀교육은 주어진 문제를 다양한 방법과 창의적인 방식으로 해결할 수 있는 능력을 키우는 것이 목적이다. 그러므로 수업시간에 아이들에게 주어지는 과제는 과거처럼 혼자 해결할 수 있는 단순한 유형의 문제가 아니다. 이렇게 복잡한 문제를 해결하기 위해서는 모둠 구성원들과 의사소통이 원활해야 하며 상대에게 공감해 주는 경청 능력과 상대의 공감을 끌어내는 대화 능력이 필요하다.

미래사회가 요구하는 인재가 갖추어야 하는 기본적인 역량을 키우는 출발점은 가정이다. 부모는 빠르게 변하는 사회를 이해하려고 노력해야 하며 자녀가 살아갈 미래를 예측하여 자녀에게 멘토링할 수 있어야 한다.

PART 2

융합인재교육
교육의 룰이 바뀌고 있다

스팀 교육은 과목 간의 부분적인 통합에서 한 걸음 더 나아가

과학 기술을 기반으로 모든 학문 간의 연결성을 갖게 하고

이를 실생활에 바로 적용하도록 하는 것이다.

그럼으로써 아이들이 살아가면서 만나게 될 복잡한 문제들도

여러 요인들이 서로 연결되어 있음을 알려주고,

그 문제 해결의 방법도 한 가지가 아님을 아이들 스스로 깨닫게 하는 것이다.

대한민국, 교육의 트렌드가
진화하고 있다

지금 세계는 대부분의 분야에서 디지털화가 진행되고 있으며, 다양한 분야들이 서로 활발하게 융합되어 가는 추세다. 이런 현상은 교육 분야도 마찬가지이다. 변화된 융합사회는 대한민국의 교육 환경과 트렌드를 빠른 속도로 진화시키고 있다. 그래서 현재 우리 학교와 교실은 미래를 향한 혁신으로 몸살을 앓는 중이다. 아직은 변화의 과도기에 놓여 있는 우리나라 교육 현장에 대해 우려의 목소리도 나오지만, 이러한 교육의 진화 현상은 미래 사회를 살아갈 아이들을 위해서 필요한 긍정적인 변화라고 할 수 있다. 따라서 1장에서 얘기했던 사회 변화가 우리나라 교육에 어떤 변화를 이끌어 내고 있는지 살펴보는 것은 매우 의미 있는 일이라고 할 수 있다.

우리 교육 현장에서 가장 눈에 띄는 변화는 최근 학부모들로부터 많은 관심을 받고 있는 혁신학교다. 혁신학교는 1990년대 후반 농촌의 작은 학교 살리기 운동에서 착안하여 2010년 이후 시대의 변화에 따라 새로운 학교 모델로 전국으로 확산되기 시작하였다. 혁신학교가 주목을 끌고 있는 이유는 일방적으로 지식을 전달하는 교사 중심의 수업에서 학생 중심의 수업으로, 학생을 교실의 주인공으로 돌려놓았기 때문이다. 토론, 토의식 수업, 관찰, 탐구중심 수업, 주제별 프로젝트 수업뿐 아니라 교실 밖 세상과 연결하는 수업 등으로 이론 위주의 수업을 지양하고 지식과 실생활을 자연스럽게 융합해 주는 융합교육을 지향하고 있다. 또한 혁신학교는 아이들이 배움의 즐거움을 스스로 체득하도록 자율성을 부여하며 특기, 적성, 동아리 활동 들을 통해 자신의 강점이 무엇인지 끊임없이 탐구할 수 있는 기회를 열어주고 있다.

혁신학교에 대해 일부 부정적인 견해도 있으나, 이 혁신학교가 새로운 세대의 학생들과 학부모들 사이에 인기를 끌만한 이유는 충분하다고 본다. 개성과 역량이 다른 학생들에게 동일한 시간과 정해진 공간에서 획일적으로 지식을 주입하는 전통적인 학교의 모습은 융합사회에서 더 이상 환영 받을 수가 없다. 미래는 지식을 많이 소유하는 것이 중요한 사회가 아니라 기존의 지식정보를 활용하여 새로움을 창조해 내야 하는 사회이다. 다시 말해 기존의 지식을 얼마나 잘 융합해 낼 수 있는지, 그것을 다시 자신만의 것으로 재창조할 수 있는 창의융합적 사고가 중요한 사회인 것이다. 자발적인 배움터, 그래서 즐거운 배움터, 자신의 강점을 탐구해 보는 배움터를 추구하는 대한민국 혁신학교는 미래 인재 육성의 한 모델이다.

　교실의 진화를 이끌고 있는 또 하나의 흐름은 바로 '거꾸로 교실(flipped learning)'이다. 미국의 존 버그만 교수(현재 플립클래스 닷컴 CLO)로부터 시작된 '거꾸로 교실'은 버그만 교수가 운동부 학생들의 낮은 수업 참여율 때문에 고민하다가 수업 내용을 동영상으로 제작하여 운동부 학생들에게 나눠주었던 것이 계기가 되었다. 그 후 일반 학생들에게도 같은 방법을 적용하였는데, 그는 학생들이 능동적으로 수업에 참여하도록 이끌기 위해 수업 시간에 배울 내용을 동영상으로 제작하여 학생들에게 미리 시청하고 수업에 참가하도록 했다. 학교 수업시간에는 미리 시청한 동영상의 내용을 토대로 토론, 토의하도록 유도하였다. 기존의 수업 형태를 뒤집은 '거꾸로 교실' 수업은 수동적인 학생들을 능동적으로 변화시키기에 충분하였고, 이런 자발적이고 주도적인 학습태도는 자연스레 좋은 성적으로 이어졌다.

'거꾸로 교실'이 우리나라에 널리 알려지게 된 계기는 2014년 KBS 파노라마 – 〈21세기 교육 혁명〉을 통해서다. 시즌1에서는 부산의 동평 중학교 학생들을 대상으로 시행했던 '거꾸로 교실' 실험 현장을 방영하였고, 2015년 시즌2 〈거꾸로 교실의 마법〉에서는 그 효과와 성공사례를 증명하였다. 이를 계기로 수업 방법에 혁신이 필요하다고 느낀 교사들은 '거꾸로 교실'을 수업에 적극적으로 활용하게 되었으며, 이런 교사들을 중심으로 '거꾸로 교실'은 짧은 시간에 빠르게 퍼져나가고 있다. 현재 우리나라에 '거꾸로 교실'은 3,000교실 이상이 진행되고 있고, 2015 개정교육 발표에서는 앞으로 초·중·고교의 과학수업을 중심으로 '거꾸로 교실'을 의무화하기로 했다. 이런 현상은 앞서 말한 혁신학교에서 추구하는 가치와 연결성을 가지고 있으며, 교사와 학생들 역시 일방적인 가르침과 수동적인 배움에서 벗어난, 시대에 맞는 새로운 학습 방법에 대한 욕구가 매우 높다는 것을 알 수 있다.

"교실도 시대에 발맞춰 진화해야 합니다. 미래의 교육 방식은 학생이 중심이 되어 교사와 긴밀하게 소통하는 방향으로 바뀔 것입니다."
"거꾸로 수업은 교사가 일방적으로 지식을 전달하는 방식이 아니라 학생이 수업의 주도권을 갖게 하는 것입니다."
"교사는 학생들의 부족한 점을 짚어주고 생각을 확장할 수 있게끔 안내하는 역할을 해야 합니다."

존 버그만의 말처럼 '거꾸로 교실'과 같은 학생 중심 수업은 이제 돌이킬 수 없는 대세가 되었다.

대한민국 교육의 또 다른 이슈는 2016년부터 전면 시행되는 자유학기제이다. 자유학기제란 중학교 1~2학년 과정 중 한 학기에 시행하는 제도로 오전엔 정규 수업을, 오후에는 특기, 적성, 동아리, 체험 활동 중심의 프로그램을 하게 된다. 자유학기제는 공부 자체가 목표가 되어 초·중·고 12년을 오로지 앞만 보고 달려가야 하는 학생들에게 자신을 돌아보게 하는 소중한 시간이 될 수 있다. 이 시간을 의미 있는 시간으로 만들기 위해서는 중학교 입학 전부터 자유학기제에 대해 미리 알아보고 자유학기 기간에 자신의 적성을 알기 위해 무엇을 해 볼 것인지 준비해야 한다. 꿈과 목표 없이 공부 자체가 목표가 되었을 때 어떤 시행착오가 생길 수 있는지 다음 사례를 보자.

EBS 다큐프라임 〈나는 꿈꾸고 싶다〉는 자신의 꿈을 찾아 시행착오를 겪는 한 청년을 소개하고 있다. 그는 초·중·고 12년 동안 오로지 공부만을 쫓아서 많은 이들의 선망의 대상인 의대에 입학했으나 의학 공부가 자신의 흥미, 적성과는 거리가 너무 멀다는 것을 곧 알아차렸다. 그는 어렵게 들어간 의대를 자퇴하고 많은 시간 동안 방황을 하다가 우연히 자신의 적성을 요리에서 찾게 된다. 요리사가 되기 위해 처음부터 다시 공부를 해서 목표를 이룬 한 청년의 사연은 감동적이고 뒤늦게나마 자신이 하고 싶은 일을 찾아낸 것은 다행스런 일이다. 그러나 너무 많이 돌아서 오느라 시간과 정력 소모가 많았다는 것 또한 사실이다.

이런 시행착오를 줄이고 아이들의 꿈과 끼를 찾을 수 있게 기회를 주자는 것이 자유학기제다. 학부모 입장에서는 '아이들이 공부만 하기에도 시간이 부족한데 자유학기제를 왜 해야 할까'라는 의문이 생길 수도 있다. 2015년에 자유학기 시범학교였던 대구 성곡 중학교 학생의 얘기를 들어보자.

"처음엔 자유학기제에 대한 호기심만 생겼는데, 시험을 보지 않는다는 소식에 너무 기뻐 함성을 질렀어요. 마냥 놀 생각에 들떠 있었죠. 하지만 실제 수업을 듣기 시작하면서 적극적으로 참여하게 되었죠. 왜냐하면 평소 수업과는 다른 체험 방식이라 재미있었기 때문이에요."
"이런 활동을 하다 보니 친구와 사이가 더 좋아지고, 서로 배려하는 마음이 생긴 것 같아서 참 좋았어요."
"가장 기억에 남는 수업은 역사 시간에 했던 역할극이었어요. 역사는 무작정 외워야 해서 힘들기만 했는데, 역할극을 해보니 좀 더 쉽게 알 수 있어서 정말 좋았어요."

　자유학기제에서 학생들이 가장 즐거워하는 것은 '학생 선택 프로그램'(학교마다 명칭은 다를 수 있음)으로, 이 프로그램은 '동아리나 특기 활동 체험', '자기주도 진로탐색 프로그램' 등의 체험 프로그램으로 구성되어 있다. 학교에서 자신이 좋아하는 분야를 탐색해 보고, 진짜 세상 속으로 들어가서 체험을 해 보는 것이다. 자신의 꿈과 연결된 직장 체험을 해 보고 자신의 적성을 테스트해 보면서 꿈과 목표가 없던 아이들이 자신의 꿈을 찾아가고 있다.

　"제 꿈을 친구들 앞에서 발표하기 위해 고민하고 생각하는 과정에서
　꿈에 더 가까워진 것 같아요. 저의 꿈을 더 확신할 수 있었고 정말 유
　익한 시간이었습니다. 자유학기제 또 하고 싶어요."

　이러한 교육의 변화들은 21세기를 선도하는 창의적이며 융합적인 인재를 양성하기 위한 필요충분조건들이다. 21세기 사회는 이전과는 다른 역량을 가진 인재를 요구하고 있다. 대한민국 교육은 이러한 시대적 요구에 부응하는 인재상을 길러내기 위해 변화하기 시작한 것이다.

개정 교과서의 핵심 키워드 STEAM,
융합인재교육이란 무엇인가

《생각의 탄생》 저자 로버트 루트번스타인 교수는 우리나라의 교육이 갖고 있는 문제점을 다음과 같이 지적했다.

"한국은 산업 혁신 상으로 세계 1위를 차지하고 있고 국제 학업 성취도도 매우 높지만 바로 이 강점이 한국의 창의성을 깨우는 데 걸림돌이 되고 있다. 제조 경제에서 한국은 획일적이고 효율적인 교육을 진행해서 경제 성장이 가능했지만, 창의적인 지식경제 속에서는 획일성을 탈피해야 한다."

또한 그는 지식 경제에서는 높은 시험 점수가 아니라 과학기술, 공학, 수학 위주의 스팀 교육을 통한 창의성 개발이 중요하다는 것을 강조했다. 창의성은 타고나는 것이 아니라 교육을 통해 훈련을 받은 사람에게서 나오는 만큼 우리의 교육 현장도 그에 걸맞은 교육 시스템을 갖출 필요가 있다.

STEAM 이란

과학기술의 발전과 사회의 융합화 현상이 심화되면서 정부, 학교, 사회 각 기관 및 기업은 새로운 교육 시스템의 필요성을 절실하게 느꼈다. 이에 정부는 2011년 교육 정책 중 하나를 '세계적 과학기술 인재육성'으로 정하고, 그 추진 전략으로 '초 · 중등 STEAM 교육 강화'를 발표하였다. 그리고 2011~2012년에 걸쳐 STEAM 시범학교를 운영하여 2013년부터는 전국 초, 중등 교과과정에 본격적으로 적용하였다.

STEAM은 Science(과학), Technology(기술), Engineering(공학), Arts(예술) 그리고 Mathematics(수학) 의 각 첫 글자를 조합한 것으로 융합인재교육을 말한다. 우리나라의 STEAM, 융합인재교육은 미국에서 출발한 STEM 교육에 Art를 접목한 것이다.

스팀 교육의 개념을 좀 더 구체적으로 보면 논리적 사고력을 키우는 과학과 수학의 원리를 자기화하여 창의적 설계(공학)와 기술을 바탕으로 독창적인 결과물을 창조하도록 하는 것이다. 이때, Art는 창조물에 미적인 요소를 융합시켜서 대중의 공감을 불러일으킬 수 있는 또 다른 능력이다. 최첨단의 과학기술과 인간의 감성을 자극하는 디자인의 융합은 현재 어느 분야를 막론하고 가장 중요한 요소로 자리 잡았다. 이것이 STEM에 Art가 연결된 이유이다.

우리나라 대부분의 초등학교에서는 과학과 음악, 과학과 미술 등 부분적인 통합 프로그램이 이미 진행되어 왔다. 스팀 교육은 과목 간의 부분적인 통합에서 한 걸음 더 나아가 과학 기술을 기반으로 모든 학문 간의 연결성을 갖게 하고 이를 실생활에 바로 적용하도록 하는 것이다. 그럼으로써 아이들이 살아가면서 만나게 될 복잡한 문제들도 여러 요인들이 서로 연결되어 있음을 알려주고, 그 문제 해결의 방법도 한 가지가 아님을 아이들 스스로 깨닫게 하는 것이다.

STEAM 교육은 기존의 교육과 어떤 차별이 있을까

STEAM의 과학, 기술, 공학, 예술, 수학은 스팀 교육 이

전에도 존재했던 과목들이다. 과거에도 이들 과목의 부분적인 통합은 있었으나 완전한 융합은 아니었으며, 대개는 한 과목씩 분리해서 과목별로 단절된 형태의 학습을 해 왔다. 이런 분과 형태의 학습은 산업 시대의 분업 시스템에 맞게 설계되어 수십 년 간 이어져온 것이다.

그러나 융·복합 사회 시스템에 맞게 진보된 스팀 교육은 분과 형태에서 과목의 경계를 없애고 주제에 따라 다양한 영역을 융합시키는 형태로 발전되었다. 즉, 스팀은 과목별 수업에서 벗어나 한 가지 중심 주제로부터 출발한다. 예를 들어 '변화'라는 큰 주제가 있으면 음악에서는 박자의 빠르기와 음의 높낮이, 소리 크기의 변화를 통해 음악이 만들어지는 것을 체험하게 하고, 미술에서는 선과 색의 변화를 알게 한다. 과학에서는 날씨와 계절의 변화에 대해 배우고, 자신의 몸과 마음에도 변화가 온다는 것을 배운다. 이를 통해 학생들은 세상 모든 것은 변한다는 진리를 자연스레 깨닫게 된다. 다양한 관점에서 변화를 체험하며 그 변화의 과정에는 규칙이 있다는 것도 구체적으로 알 수가 있다.

그래서 스팀 교육은 '주제별 융합 수업'이라고 부를 수 있으며, 대표적인 다섯 과목 이외에도 사회, 문화, 역사, 생활 등 중심 주제와 관련된 다양한 영역을 구분 없이 융합할 수 있다. 이런 주제별 융합 수업 과정에서 아이들은 학문 간의 연결 구조를 더 깊게 파악하여 지적 호기심이 자극되고 지식 탐구의 즐거움을 경험하게 된다.

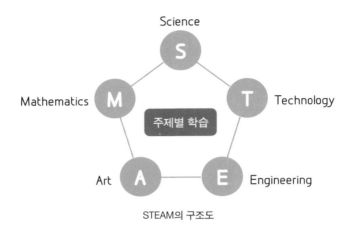

STEAM의 구조도

스팀 교육에 필요한 역량은 무엇일까

　　스팀 교육은 학습의 방법이 바뀐 것이다. 그러므로 학부모
는 바뀐 학습 방법에 필요한 학습자의 역량이 무엇인지 아는 것이
중요하다. 과목에 상관없이 주제에 따라 지식을 연결해 가는 과정은
단편적인 지식을 암기하는 것으로 끝나지 않는다.

　　스팀 교육 이전에는 지식을 많이 소유하고 있는 학생이 우수하
다고 인정받았다. 그러나 주제별 통합시스템인 스팀 교육에서는 지

식과 정보를 연결시킬 수 있는 통합 및 융합 사고력을 갖고 있는 아이들을 우수하다고 한다. 교육의 변화가 우수성의 평가 기준을 바꿔 놓은 것이다.

그러므로 지식을 연결고리 없이 단절된 형태로 학습한다면 주제별 통합 수업에서는 뒤처질 수밖에 없다. 단편적인 조각 지식들은 인터넷 검색을 통해 손쉽게 접할 수 있는 지식정보들이기 때문이다. 고로 아이들은 처음부터 검색 키워드로 얻을 수 있는 단순한 지식정보보다 지식의 고리를 연결하고 통합하는 융합형 지식으로 재생산할 수 있는 능력이 훈련되어야 한다. 이 능력은 컴퓨터를 활용하여 얻은 지식을 재구성할 수 있는 인간 고유의 능력이며 이것이 미래 사회의 경쟁력이 될 것이다.

결국 스팀 교육은 다양한 방법을 사용하여 창의적인 문제해결능력을 키우는 것이다. 전 세계가 스팀 교육에 주목하고, 국가적인 차원에서 스팀형 인재를 키워내고자 노력하는 것은 여기에 국가의 미래가 달려 있기 때문이다.

세계 교육은
스팀(STEAM)으로 통한다

새로운 교육의 혁신으로 우리나라 공교육에 도입된 STEAM 융합 인재교육은 이미 선진국의 교육 현장에서는 대세로 자리잡고 있다. 선진국에서는 융합형 교육이 더 이상 특별한 교육 방법이 아니다. 그들은 수업 시간뿐만 아니라 일상생활에서도 자연스럽게 스팀을 실천하고 있다. 융합교육 강국들은 다양한 영역과 과목을 접목시킨 스팀 교육을 통해 미래 산업이 요구하는 창의력과 문제 해결력을 갖춘 인재를 길러내기 위해 지속적으로 힘쓰고 있다. 이들은 국가 경쟁력 강화를 위해 학교에서는 융합교육의 중요성을 강조하며 실천하고 있고, 이것을 산업 현장과 연계성 있는 교육으로 만들기 위해

산학 연계 시스템을 마련하고 있다.

미국의 STEM

과학(Science), 기술(Technology), 공학(Engeneering), 수학(Mathematics)을 접목한 미국의 'STEM 교육'은 2006년 '미국 경쟁력 강화 대책'이라는 이름으로 발표된 교육 방식이다. 미국은 이 국정 과제를 통해 첨단과학기술을 기반으로 한 국가경쟁력 확보를 목표로 내세우고 수학과 과학 교육에 획기적인 투자를 하기 시작했다. 특히 과학기술 기반 경쟁력의 주도권을 다른 나라에 빼앗기지 않고 성장 잠재력을 유지하기 위한 방법으로 초·중등 단계의 STEM 교육 강화를 중점 대책으로 내세웠다. 미국 국가과학위원회(NSB)는 "어릴 때부터 STEM 교육을 받은 학생들은 문제 해결력, 비판적 태도, 창의적이고 분석적인 능력, 학교 교육과정을 실생활에 연결시키는 능력을 발달시킬 수 있다."는 내용의 보고서를 내놓기도 했다.

미국의 STEM 교육은 1990년대 중반에 출현했다. 그러나 당시에는 별 호응을 얻지 못했고 2000년대 중반에 들어와서야 정부의 적극적인 지원과 함께 융합교육을 본격적으로 시작하게 됐다. 이는 사회 구조 변화로 인한 것이며 경제와 교육 분야에서 국가 경쟁력을 유지하기 위한 목적에서였다. 이에 따라 미국은 STEM 교육의 궁극적인 목표에 '많은 일자리 창출과 전문 인력 양성'을 명시했다. 창의적이고 혁신적인 아이템을 만들어내는 복잡한 지식과 기술력을 갖기 위해서는 융합교육이 절실하다고 느꼈기 때문이다.

영국의 스템(STEM)

융합교육을 활발히 진행하고 있는 영국 역시 우수한 과학 기술력을 바탕으로 경제 성장을 지속하기 위해서는 과학지식 분야를 서로 연결해야 한다고 판단하고 융합교육을 추진하고 있다.

영국 교육기술부는 스템 정책의 목적을 "우수한 인재들을 스템 영역으로 진출하게 하고 일반 대중의 융합교육 소양을 증진하는 것"으로 정했다. 이후 3억 5000만 파운드(약 7900억 원)를 투자해 과학 교사의 질을 높이고, 과학에서 좋은 성적을 거두는 학생이나 고등교육에서 스템을 선택한 학생을 중점 관리하기 시작했다. 특히 스템 분야 인재를 안정적으로 지원하기 위해 과학, 기술, 공학, 수학 등 4개 과목을 핵심교과로 설정해 각 교과마다 전문가 정책 자문그룹을 운영하고 있다. 자문그룹은 19세 이하 학생들을 대상으로 과학 및 수학 학습의 현황과 개선방안을 조사하고 대학에서 스템 학과 학생들을 집중적으로 육성하는 역할을 맡았다.

이 밖에도 영국 정부는 수학과 과학의 질 높은 교육 및 스템 관련 진학, 고용, 경력 등을 지원하기 위한 권고사항을 학교와 산업현장에 내려 보내고 있다. 가장 먼저 과학 및 수학 과목 자체의 중요성을 부각시키기 위해 학교 내 해당 과목 교사들에게 과목 전문가로서의 권한을 부여하고 이들 교사와 대학, 전문기관, 기업 등 전문가들을 교과과정 설계 및 평가에 참여시키고 있다.

핀란드의 루마(LUMA) 프로젝트

핀란드는 1996년부터 학교와 대학, 산업체를 연결한 수학과 과학 강화 프로젝트 '루마(LUMA)'를 실시하고 있다. 루마는 자연과학(luonnontieteet)과 수학(matematiikka)의 합성어이다. 핀란드의 루마는 학교와 대학, 기업의 연계와 협력을 통해 모든 교육 분야에 융합교육(STEM) 과목들의 교수 자료와 학습 시스템을 지원한다.

대표적 루마 교육기관인 탐페레 루마떼(LUMATE) 센터는 과목 간의 연계와 협력 및 교실 안에서 기술을 이용하는 데 중점을 두고 있다. 또한, 수학, 물리학, 화학과 생물학의 전통적인 루마 관련 자료뿐만 아니라 기술과 관련된 분야인 생명공학, 나노공학, 소프트웨어

공학, 신호처리, 지능기계를 특성화하고 있다. 그리고 서로 다른 학문과 기업 사이의 밀접한 협력을 바탕으로 초·중등학교와 대학의 협력을 위한 견실한 기초를 제공하고 있다.

핀란드의 융합교육은 교내에서는 교과목 중심이 아니라 주제 중심으로 교과목들을 연계하고 있으며, 고등교육기관들이 협력기업들, 산업체들 및 초·중등학교들을 밀접하게 연계하여 사회적인 책무를 다하고 있다. 특히 삶 속에서 창의성을 키울 수 있도록 대학들은 융합교육을 통해 방과 후 클럽 활동을 지원하며, 예비교사와 연구자들은 학습과 진로에 관해 스스로 의사결정을 할 수 있도록 진로상담자의 역할을 하고 있다.

핀란드의 루마 프로젝트는 학교에서 배운 지식을 지역사회와 연결하는 산학연계가 활발하다는 점에서 다른 선진국의 융합교육과 차별성을 갖는다.

이스라엘의 IASA

이스라엘에는 IASA(이스라엘예술과학고, Israel Arts and Science Academy)라는 유일한 영재학교가 있다. 《생각의 탄생》 공동저자인 루트번스타인 부부가 "창의적인 교육을 하려면 이스라엘의 IASA에서 배우라."고 할 정도로 IASA는 창의교육 기관의 대명사로 불리고 있다. 기숙형으로 운영되는 IASA는 수학, 과학뿐만 아니라 예술과 인문학 전공 과정을 두어 다양한 분야에 대한 경험을 하도록 배려하고 있다.

한 예로 IASA의 음악 전공자 중에는 과학 전공자들이 다수 있다. 그들은 "악기를 좋아하고 음악 공부를 더하고 싶다. 음악 역시 고도로 수학적인 분야라 전공에 도움이 된다."고 말한다. 이처럼 IASA에서는 과학, 수학과 예술 분야를 접목시킨 창의성 교육 환경을 제공한다. 학생 각자의 전공이 있지만 얼마든지 다른 영역의 수업을 들을 수 있어 학문 간의 벽이 자연스럽게 허물어지도록 교육시스템이 짜여 있는 것이다. IASA를 기숙형 학교로 설계한 이유 또한 다른 분야를 공부하는 학생들이 함께 어울려 살면서 서로 자극하고 융합하는 효과를 기대하기 때문이라고 한다.

IASA는 이스라엘 각지의 공립학교의 교사들이 찾아와 철저히 실험 위주로 짜인 커리큘럼을 배우고 갈 정도로 이스라엘에서도 대표적인 창의융합교육 기관이다. IASA의 헤즈키 아리엘리 이사장은 "세상은 점점 더 통합되는 상황이다. 과학과 산업, 교육은 분리될 수 없다. 그래서 통합적인 교육이 중요하다. 하지만 간과해선 안 될 것이 있다. 학생마다 확실한 주 전공을 하나씩 가져야 한다는 점이다. 얄팍하게 여러 분야를 알아서는 아무 소용이 없다. 하나를 깊게 공부한 바탕 위에 다른 것을 조화시키는 것이 필요하다."고 했다.

또한 "수업이라는 무대에서 주인공은 학생이고, 교사는 이를 지켜보는 보조적인 역할을 할 뿐이다. 학생들이 실험을 통해 문제해결에 애쓰고, 또 실패하는 과정에서 영원히 남게 될 근본적인 지식을 쌓게 되는 것이다."라며 학생들을 모든 영역에 노출시키고 영역 간 융합을 꾀하는 것이 창의성 증진의 관건이라고 강조했다.

이처럼 세계 선진국들은 국가 경쟁력 강화와 창의적인 인재 양성을 위해 공통적으로 융합교육을 실시하고 있다. 이러한 교육의 변화는 거스를 수 없는 시대적 요구이며 국가교육정책의 중요한 현실적 과제가 되었다. 융합을 바탕으로 한 창발적인 사고는 급변하는 미래사회의 경쟁력이기 때문이다.

STEAM,
융합인재교육의 목표에 주목하라

최근 스팀교육이 이슈로 떠오르면서 초등 학부모들은 융합교육에 관심을 갖고 이에 대비하려는 움직임이 커지고 있다. 실제로 학부모들을 만나보면 "초등학교 자녀에게 어떻게 융합교육을 시켜줄 수 있을까요?", "융합교육에 어떻게 대비해야 할까요?" 등의 질문을 많이 한다. 대부분의 학부모가 스팀 융합교육이라는 말은 들어봤지만 생소한 개념인지라 막막함을 호소하는 것이다. 아날로그와 디지털 시대를 걸쳐 사는 세대의 당황스러움도 이해가 되지만, 한편으로는 학부모들의 이러한 질문은 융합교육 그 자체를 교육의 목표로 생각하는 것은 아닌지 염려가 된다.

융합교육은 학습의 새로운 도구이며 과정일 뿐 융합교육 자체가 목표는 아니다. 융합교육의 첫 학령기를 보내는 초등 학부모들은 융합교육의 목표를 정확히 알고, 그런 다음 'HOW, 어떻게'를 생각하여 아이들을 제대로 가이드해야 한다.

교육과학 기술부(현재 교육부)는 2011년 스팀 교육에 대해 "과학기술에 대한 학생들의 흥미와 이해를 높이고, 과학과 기술 기반의 융합적 사고와 문제 해결력을 배양하는 교육"이라고 말한 바 있다. 또한 단순히 과학교육을 하는 것이 아니라 창의적 설계, 감성적 체험을 통해 기술이나 공학과 관련된 다양한 분야의 지식을 융합하여 새로운 창조물을 만들어내고, 미래사회에 대한 이해를 높여 창의적이고 종합적으로 문제를 해결할 수 있도록 돕는 교육과정이라고 밝혔다.

융합인재교육은 남다른 관점과 통합사고력을 기르는 것

그렇다면 '창의적이고 종합적인 문제해결력'의 의미는 무엇일까?

최근 개정된 초등 수학 교과서에서 자주 등장하는 문제 중 하나는 각자 다른 방식으로 문제를 풀어보라는 것이다. 공식을 암기하여 하나의 풀이과정으로 정답에 접근했던 과거의 방식과는 달리 융합교육에서는 같은 문제를 풀더라도 다른 방법, 즉 다양한 관점으로 접근하여 창의적으로 문제를 해결하도록 훈련시키고 있다. 수학 문제의 정답은 하나일지라도 정답으로 가는 과정은 다양하다는 것을 알려주는 것이다. 이 연습을 통해 아이들은 세상으로 나갔을 때 창의적이고 종합적인 문제 해결력을 갖춘 인재로 발전할 수 있다.

이처럼 문제를 다른 관점으로 풀어낸 인물 중에 미국의 자동차 왕이었던 헨리 포드와 석유 재벌이었던 록펠러가 있다. 당시 주요 교통수단은 많은 사람을 태울 수 있는 기차였는데, 헨리 포드는 이동의 목적을 다른 관점으로 생각해 냈다.

"기차는 정해진 시간에 정해진 곳만 갈 수 있다. 그러나 자동차는 내가 원하는 곳에 언제든지 갈 수 있다."

헨리 포드의 이런 남다른 시각은 자동차를 대중화시켜 역사적 인물로 남게 했다.

동시대 인물이었던 록펠러는 자동차에 대한 또 다른 관점으로 세계적인 석유 재벌이 되었다. 헨리 포드가 자동차를 개발했을 때 "자동차는 무엇으로 갈까?"에 초점을 맞춘 록펠러는 미국 전체 주유소의 95%까지 독점하며 막대한 부를 축적했다.

우리는 흔히 이런 사람을 '선견지명'이 있는 사람이라 표현한다.

그들의 선견지명, 즉 앞을 내다보는 능력은 사물과 현상을 예리하게 관찰하여 꿰뚫어 보는 '통찰력'에서 나온 것이다. 융합교육은 변화와 현상을 종합적으로 바라볼 수 있는 '직관력과 통찰력' 곧, '통합사고력'을 지향한다.

융합의 아이콘으로 본 융합인재교육의 목표

자, 그럼 융합형 인재하면 떠오르는 인물이 있는지 생각해 보자. 융합의 대표적인 인재를 떠올려 보면 융합교육의 목표를 좀 더 구체적으로 이해할 수 있을 것이다.

15세기 르네상스 시대 이탈리아를 대표하며 조각, 건축, 토목, 수학, 과학, 음악에 이르기까지 다양한 방면으로 재능을 보인 레오나르도 다빈치나, 21세기 과학기술과 인문학의 교차점을 강조하며 융합형 인물의 롤 모델이 된 스티브 잡스 등이 대표적이다. 다빈치의 걸작 중 하나인 〈인체 비례도〉는 예술 작품인 동시에 현대 의학 발달에도 큰 영향을 미쳤으며, 애플 신화를 일군 잡스는 인간의 감성을 녹여낸 디자인과 획기적인 기술을 갖춘 스마트폰의 혁명가로 우주에 흔적을 남겼다.

우리나라에도 역사에 흔적을 남기고 간 융합형 천재가 있다. 바로 조선의 레오나르도 다빈치로 불리는 정약용이다. 정약용은 평생 500여권의 책을 쓰고 2500여 편의 시를 남긴 대문학가이며 저술가였다. 그는 배다리와 수원 화성을 설계한 건축 설계사였으며 거중기, 유형거, 녹로와 같은 기구를 만든 탁월한 발명가이기도 했다. 뿐만 아니라 홍역에 관한 의서인 《마과회통》을 지은 의학자였으며, 수많은 살인사건을 해결한 탐정, 백성의 심정을 헤아릴 줄 아는 탁월한 행정가이기도 했다. 이처럼 다방면에서 재능을 발휘한 이들의 업적을 보면 '모든 학문은 통하며 융합할 수 있다.'라는 생각이 절로 든다.

융합인재교육은 헨리 포드나 록펠러가 가졌던 통합사고력을 배양하고, 정약용이나 스티브 잡스처럼 다방면의 지식을 넘나드는 창의적 사고를 기르기 위해 초등 시기부터 교육시스템을 통해 훈련하는 것이다.

STEAM, 융합인재교육의 3가지 목표

그럼 앞에서 살펴본 인물들을 기억하며 융합인재교육의 목표를 정리해 보자.

첫째, 융합교육은 다양한 영역의 지식을 동원해 문제해결력을 키우는 것을 목표로 한다. 문제해결력을 키우는 과정에서 중요한 것은 아이들이 스스로 문제를 해결해 나갈 수 있도록 흥미를 유발시켜줘야 한다는 점이다. 그래서 융합교육의 수업은 생활, 시사, 사회적 문제 등을 주제로 스토리텔링을 통한 구체적인 상황 제시에서 시작한다. 주어진 상황을 인식한 후 그 상황의 문제 해결을 위해 모둠 토의, 토론, 관찰, 탐구를 통해 여러 방식으로 문제 해결을 시도하도록 한다. 이때 문제 해결 방법에 대해 정답을 정해두지 말고 충분히 생각하며 해결방안을 찾아가는 과정이 중요하다. 이 과정을 통해 다양한 방식으로 문제를 해결하게 되면 성취의 기쁨을 맛본 아이들은 계속해서 어려운 문제에 도전하게 된다.

둘째, 스팀 교육은 학교에서 배운 지식이 실생활에서 어떻게 접목되고 활용될 수 있는지 알고 이를 체험하고 실천하는 것에 목표를 두고 있다. 스팀에서는 교실 안의 이론과 교실 밖의 생활과의 연계성이 중요한 부분을 차지한다. 아이와 함께 음식을 만들 때도 '물 1/2컵', '우유 1/4컵'을 가져오도록 말하는 동시에 이를 계기로 분수에 대한 이야기를 나눠보는 것도 스팀 교육이다. 스팀 교육은 생활 속 체험을 통해 스스로 원리를 터득하며 지식을 확장해 나가는 것이다. 직접이든 간접이든 체험은 그 중요성을 아무리 강조해도 지나치지 않다. 학습자는 체험으로 지식을 습득할 때 배움의 즐거움을 느끼고, 그렇게 얻은 지식은 장기기억으로 저장되어 학습 효과가 높다는 것은 널리 알려진 사실이다.

셋째, 스팀, 융합교육은 사고력을 깊고 넓게 확장시키는 창의 사고력 훈련을 목표로 한다. 사고력은 훈련으로 길러지는 것이고, 창의성은 깊고 넓은 사고력에서 출발한다. 이를테면 자녀와 함께 신문 기사를 읽으면서 기사에 바로 드러나는 1차적 정보를 찾아보도록 한 뒤, 이를 바탕으로 기자의 생각이나 배경이 되는 사회과학 현상 등 숨겨진 정보를 함께 찾아보는 것이다. 그런 다음, 찾아낸 정보에 대해 왜 이런 현상이 생겼는지, 본인은 어떻게 생각하는지에 대해 함께 이야기를 나누며 생각을 넓혀가는 과정을 거친다. 이런 사고 과정을 통해 융합교육의 목표인 통찰력과 창의 사고력을 키우게 되는 것이다.

창의융합적 사고는
타고난 특별한 재능일까

미국 일리노이 주에는 미국의 석유 재벌이었던 록펠러가 설립한 시카고 대학이 있다. 설립 당시부터 1929년 로버트 허친스가 5대 총장으로 취임하기 전까지 삼류 대학으로 취급받던 대학이었다. 하지만 허친스 총장은 대학 졸업의 조건을 바꿈으로써 시카고 대학을 손꼽히는 명문 대학으로 탈바꿈시켰다. 과연 허친스 총장이 선택한 대학 졸업의 조건은 무엇이었을까?

시카고 대학을 바꾼 시카고 플랜의 비결

로버트 허친스 총장은 표준 시험 성적으로 평가하는 기존의 방식을 과감히 버렸다. 대신 그는 학생들에게 졸업의 조건으로 4년 간 고전 100권을 읽게 했다. 단순히 읽기만 하는 것이 아니라, 달달 외울 정도로 읽어야만 졸업을 할 수 있는 혹독한 방법이었다. 그리고 이것은 이후에 '시카고 플랜'이라 불리며 시카고 대학을 명문대로 바꿔놓은 획기적인 방법으로 역사에 남게 되었다.

하지만 당시 학생들의 반발은 엄청났다.

"우리들의 지능에 걸맞은 도서를 허(許)하라."

학생들은 비명을 질렀다. 하지만 '시카고 플랜'은 지속되었고 10권, 20권까지는 학생들에게 호응을 받지 못했고 별다른 변화도 없었다. 그런데 이 '고전 100권 읽기 플랜'이 50권을 넘어가면서 학교 분위기가 바뀌기 시작했다. 학생들은 질문하고, 토론하고, 사색에 잠겼다. 졸업 기준에 맞추기 위해 어쩔 수 없이 시작한 고전 100권 읽기는 삼류 수준의 학생들에게 열등감을 버리고 자신감을 갖도록 해 주었다. 허친스 총장이 '고전 100권 읽기'로 대학 개혁을 시작한 지 85년이 지난 현재 시카고 대학은 85명의 노벨상 수상자를 배출했다. 실로 놀랄 만한 결과이다.

이와 비슷한 사례의 대학으로 미국에서 세 번째로 오래된 학교이

자 최고 명성을 자랑하는 세인트존스 대학이 있다. 세인트존스 대학은 학과나 전공이 아예 없다. 커리큘럼이라고는 4년간 고전 100권 읽기가 전부다. 세인트존스 대학 신입생 중 고교 성적이 상위 10% 안에 들었던 학생은 10% 내외다. 반면에 미국의 명문대 벨트인 이른바 아이비리그에는 상위 10% 출신이 100%에 가깝다. 이것은 명백하게 우등생들과 열등생들의 경쟁이라고 할 수 있다. 그러나 4년 후 변화가 일어난다. 세인트존스에서는 학자와 사상가들이 쏟아져 나오고 아이비리그에서는 월급쟁이들이 쏟아져 나온다.

시카고와 세인트존스 대학의 학생들은 타고난 천재들이 아니었다. 하지만 천재를 능가하는 비범한 결과를 보여주었다. 그들을 바꾼 비결은 '고전'이라는 '생각의 도구'를 이용한 것과, '4년'이라는 정해진 시간 속에서 '100권'이라는 책을 읽는 동안 본인도 모르는 사이에 지속적으로 사고력이 쌓여간 것이다. 특별한 재능을 갖지 못했더라도 지속적이고 집중적으로 사고력 훈련을 하면 얼마든지 천재를 능가하는 지적 능력을 발현시킬 수 있음을 보여주는 사례들이다.

창의성은 편집 능력이다

이와 같이 창의융합적 사고는 적절한 교육이나 훈련에 의해 더 잘 만들어질 수 있다. 중요한 것은 얼마나 지속적으로 어떤 도구를 이용해서 자신의 한계를 넘어서는 경험을 갖느냐는 것이다.

《에디톨로지》의 저자 김정운은 "창조(창의)는 편집이다."라고 정의하며 다음과 같이 말한다.

> "세상 모든 것들은 끊임없이 구성되고, 해체되고, 재구성된다. 이 모든 과정을 나는 한마디로 '편집'이라고 정의한다. 신문이나 잡지의 편집자가 원고를 모아 지면에 맞게 재구성하는 것, 혹은 영화 편집자가 거친 촬영 자료들을 모아 속도나 장면의 길이를 편집하여 관객들에게 전혀 다른 경험을 가능케 하는 것처럼, 우리는 세상의 모든 사건과 의미를 각자의 방식으로 편집한다."
>
> "세상의 모든 창조는 이미 존재하는 것들의 또 다른 편집이다. 태양 아래 새로운 것은 없다. 하나도 없다!"

한편 《아웃 라이어》, 《블링크》의 저자인 말콤 글래드웰도 '편집'에 대해 말한 바 있다. '편집'은 스티브 잡스식 창조성의 핵심이라고 주장하며, 〈워싱턴포스트〉에 기고한 글에서 그는 "스티브 잡스의 천재성은 디자인이나 비전이 아닌, 기존의 제품을 개량해 새로운 제품을 만들어내는 편집 능력에 있다."고 주장했다.

편집이 창조성의 핵심이라면 이것 또한 훈련을 통해 얼마든지 개발할 수 있다. 기존의 지식과 정보를 이용하여 새로운 방식으로 재구성해 내는 창의적 사고력 훈련은 초등 시기부터 시행하는 융합교육이 중요한 역할을 한다.

창의성은 훈련으로 만들어지는 것

얼마 전 로버트 루트번스타인 교수가 한국을 방문하여 강연회를 가졌다. 그는 대부분의 사람들이 창의성에 대해 오해하고 있다며 다음과 같이 강조했다.

> "흔히 사람들이 창의성은 타고난다는 모차르트 신화, 노력하지 않아도 저절로 나온다는 영감 신화, 지능과 연관이 있다는 천재 신화, 문제 해결 능력이라는 생산 신화, 창의적인 사람들은 다 전문가라는 전문가 신화, 어렸을 때부터 신동이라는 신동 신화로 오해하고 있다. 하지만 창의성은 타고난 것이 아니라 교육을 통해 훈련을 받은 결과이다. 따라서 한국도 이런 오해에서 벗어나 창의성을 살릴 수 있는 교육이 필요하다."

21세기를 살아가는 아이들에게 가장 필요한 능력은 융합적인 사고를 통해 새로운 것을 창조해 내는 '창의력'이다. 그러나 그 '창의력'이라 하는 것은 '무에서 유를 창조하는 창의'가 아니다. 그것은 '유에서 또 다른 유를 창조하는 창의'임을 상기할 필요가 있다. 루트번스타인의 말처럼 창의는 특별한 자의 특별한 재능이 아니며 다만 지속적인 훈련이 필요할 뿐이다.

진짜 세상으로 연결되는 STEAM, 융합인재교육

초 · 중 · 고교의 스팀 교육 본격화와 더불어 대학도 창의적이고 융합적인 성향의 학생을 선발하기 위해 노력하고 있다. 기업과 사회가 요구하는 인재를 양성해야 하는 대학들은 수능 점수만으로 학생의 자질을 파악하는 것에 한계를 느끼고 최근 수시 선발의 비중을 늘려 가고 있다. 학생부 교과 · 비교과, 자기소개서 등 서류와 면접을 종합적으로 평가하여 신입생을 선발하는 학생부종합전형을 살펴보면 초, 중, 고교에서 키워야 할 능력은 단순 지식 습득이 아니라 다른 역량임을 알 수 있다.

세상으로 나가기 위한 자기소개서

먼저 2016년도 서울 소재 한 대학교의 자기소개서를 살펴보자. 총 네 가지 항목 중 세 가지 항목은 모든 대학교의 공통 문항이고 마지막 항목은 대학별 자율 문항이다.

<**공통문항 3가지**>

1) 고등학교 재학기간 중 학업에 기울인 노력과 학습 경험에 대해 배우고 느낀 점을 중심으로 기술해 주시기 바랍니다. (1000자 이내)

2) 고등학교 재학기간 중 본인이 의미를 두고 노력했던 교내 활동을 배우고 느낀 점을 중심으로 3개 이내로 기술해 주시기 바랍니다. 단, 교외 활동 중 학교장의 허락을 받고 참여한 활동은 포함됩니다. (1500자 이내)

3) 학교생활 중 배려, 나눔, 협력, 갈등 관리 등을 실천한 사례를 들고, 그 과정을 통해 배우고 느낀 점을 기술해 주시기 바랍니다. (1000자 이내)

<**자율문항**>

4) 지원동기와 향후 진로계획에 대해 구체적으로 기술해주시기 바랍니다. (학부과별 인재상을 고려해 작성, 1000자 이내)

위 자기소개서에서 요구하는 것이 고등학교 3년간의 경험만을 말하는 것 같지만 결국 그 뿌리는 초, 중등에 두고 있음을 알 수 있다.

이 대학 입학 사정관은 위 1)번의 학습경험을 기술하라는 답변을 교과학습 경험으로만 국한시켜서 기재하는 학생들이 많다고 지적한다. 이는 학습의 개념을 이론적인 지식 습득으로만 여겨 학교 수업을 일상으로 연결하지 못하거나 생활 속 경험은 공부로 여기지 않는 현실을 지적하는 것이다. 융합인재교육에서의 학습 경험이란 교과목의 지식 습득 뿐 아니라, 자신이 습득한 지식정보를 이용하여 현실에서 스스로 흥미와 열정을 가지고 무엇인가에 몰입해 봤던 경험들의 총 집합이다. 자기소개서를 통해 수험생에게 그런 다양한 공부 경험들이 얼마나 있었는지, 그 과정의 성취 또는 실패 경험에서 배운 것이 있는지를 파악해 보는 것이다.

스팀 교육과정에서는 지식과 경험의 연결을 중요시하고 있다. 이를 위해서 교육부는 초, 중, 고교의 창의적 체험활동(자율 활동, 동아리 활동, 봉사 활동, 진로 활동 등)이라는 비교과 영역의 비중을 늘려가고 있으며, 중학교의 자유학기제를 통해 진학 및 진로 계획을 세우도록 하는 것이다. 따라서 초등 학령기부터 창의체험활동은 자신의 소질을 개발할 수 있는 의미 있는 활동으로 이루어져야 하는 것이다.

진짜 세상을 연습하는 작은 세상

융합인재교육은 혼자서 하는 공부가 아니다. 융합은 학과목 또는 여러 분야를 섞어서 녹여내는 것을 뜻하기도 하지만 각기 다른 성향의 인간들 간의 어울림, 조화를 뜻하기도 하다. 그래서 융합 교육은 모둠별 토론, 토의, 프로젝트 수업 등으로 이루어지며, 이 과정을 순조롭게 진행하기 위해서는 모둠 구성원 각자의 장점과 단점까지도 융합해 내야 하는 것이다.

학교는 진짜 세상을 연습하는 작은 세상이다. 진짜 세상은 학교 안의 작은 세상보다 훨씬 다양한 사람들과의 융합과 조화, 협력이 필요하다. 때로는 의도하지 않았던 갈등 상황으로 홍역을 치르기도 하며, 스스로 갈등 상황을 해소해야만 하는 소통 능력도 필요하다. 무엇이든 연습을 많이 할수록 실력이 쌓이게 된다. 학교는 융복합 사회를 연습하는 작은 세상이 되어야 한다.

따라서 아이들이 지식을 배우고 익히는 동안 집단 내에서의 소통 능력을 기르도록 이끌어주어야 한다. 수업시간도 동료와 협동하고 소통하며 문제를 해결하는 연습의 장이 되어야 한다. 가정과 학교는 세상을 연습하는 공간이 돼주고 아이들은 그 공간에서 수없이 시행착오를 겪으며 반복된 연습을 할 수 있어야 한다. 그래야 아이들이 진짜 세상에 나가서 자신의 실력을 충분히 발휘할 수 있게 된다.

2015 개정교육에서 강조한 실생활 연계

현 7차 개정 교육은 수시 개정 체제로 STEAM형 인재를
키워내기 위한 학습 방법의 변화가 수시로 일어난다고 볼 수 있다.
2009 개정 교육에 이어 2015 개정 교육안의 핵심요소는 창의, 융
합적 인재를 키우기 위해 학생들이 단순히 정보를 습득하는 일차원
적 학습을 넘어 개념을 실생활과 연결해서 생각하고 이를 활용하도
록 강조하였다. 이는 학습자의 흥미를 유발시키며 지식을 생활 속
에서 응용할 수 있는 능력을 키워주고 학교와 세상을 연결시켜주는
노력이라 볼 수 있다.

예를 들어, 동그라미의 개념을 수학시간에 배웠다면 생활 속에서
동그라미를 찾아보고 더 나아가 동그라미가 생활 속에서 어떤 영향
을 미치는지, 우리는 어떻게 동그라미의 특징을 이용하여 살아가는
지 생각해 봐야 한다. 배운 내용만을 당연하게 받아들이지 말고, 관
계된 모든 사물과 현상에 물음표를 가져야 한다. 동그라미라는 도
형을 모르는 학생은 없을 것이다. 그러나 우리가 수도 없이 밟고 지
나다니는 길 위의 맨홀 뚜껑이 왜 동그라미인지 생각해 본 학생은
많지 않을 것이다. 맨홀 뚜껑은 지름이 일정한 동그라미의 성질을
이용하여 뚜껑을 어떤 방향으로 놓더라도 맨홀 속으로 빠지지 않도
록 한 것이다. 이렇게 학교의 배움과 세상을 연결했을 때 바로 학

교 안과 밖의 융합이 일어나는 것이며, 그것이야말로 제대로 된 배움인 것이다.

2015 개정 과학에서도 생활 속 과학 탐구를 특히 강조하였고, 생활 제품이나 놀이, 스포츠, 문화예술을 통하여 과학에 대해 호기심을 갖도록 하고 생활 속에서 과학기술을 접하도록 방향을 제시하고 있다.

그러므로 지식 습득보다 더욱 중요한 것은 '무엇을', '어떻게', '왜'라는 질문을 통해 끊임없이 탐구하는 것이다. '우리가 배운 개념은 어디에서 출발했는가', '우리 생활과 무슨 관계가 있는가', '어떤 과정에서 나온 것인가' 등의 사고가 습관화가 되어야 한다. 그렇게 질문을 갖고 답을 구하는 반복된 과정 속에서 세상에 나올 준비를 하는 것이고, 삶의 지혜를 스스로 터득하게 된다. 하지만 이런 습관과 태도는 하루아침에 길러지는 것은 아니며 가정에서는 학부모, 학교에서는 교사의 도움을 바탕으로 지속적인 훈련이 필요하다. 융합교육의 훈련에 관한 부분은 4장과 5장에 자세하게 기술하겠다.

"우리의 사업에서 혼자서는 더 이상 할 수 있는 일이 없습니다.
이제는 팀을 만들어야 합니다.
당신은 팀의 업무에 대해서 성실한 책임감을 가져야 합니다.
모든 사람들이 그들이 할 수 있는
최고의 일을 할 수 있도록 해야 합니다."

- 스티브 잡스 (1995년 스미스소니언 시상 인터뷰에서)

융합인재교육
공부의 도구가 바뀌었다

융합인재교육은 프로젝트 수업을 통해 문제를 해결하는

과정에 초점을 두고 학습자 자신만의 독창적인 해결방안을 찾도록 한다.

한 개의 정답을 요구하는 표준화된 시험에서는

학생이 어떤 개념을 얼마나 정확히 알고 있는지,

또 답에 도달하기까지 어떤 사고 과정을 거쳤는지를 알 수 없다.

그러므로 융합인재교육에서는 지식의 이해 정도와

사고 과정을 평가할 수 있는 서술·논술형으로 평가 방법을 바꾼 것이다.

STEAM, 초등 개정교과서
학부모가 먼저 제대로 알아야 한다

공신의 비밀은 교과서

학부모들의 중요 관심사 중 하나가 자녀의 공부이다 보니 우등생들의 공부 잘하는 비결이 무엇인지에 관심이 많다. 그런데 '공부의 신'이라는 공신들의 인터뷰를 들어보면 이구동성으로 "교과서 위주로 공부했고, 예·복습을 철저히 했습니다!"라고 한다. 이렇게 똑같이 말하는 걸 보면 그것이 비결인 것 같은 생각이 들다가도 학부모의 입장에서는 좀처럼 믿기지 않는다. 학생이면 누구나 사용하는 교과서가 공신들의 비결이라니, 그건 너무 평범하다는 생각이드는 것이다.

그러나 그들의 뻔한 이야기는 결코 틀린 말이 아니다. 교과서는 학생들에게 가장 기본적인 개념서인 동시에 교육의 방향을 알려주는 '내비게이션'이라 할 수 있기 때문이다. 결국 우등생의 비결은 "저는 학습의 목표를 이해하고, 개념 위주로 공부합니다."로 바꾸어 말할 수 있다. 그럼에도 많은 아이들이나 학부모들은 교과서를 등한시하는 경우가 있다. 더군다나 요즘 아이들은 교과서를 가방에 넣고 다니지 않는다. 교과서는 수업 시간에만 사용하고 학교 사물함에 얌전히 보관한다. 상황이 이렇다 보니 부모들도 교과서를 살펴볼 기회가 많지 않다. 교과서가 수시로 개정되고 있어도 학부모는 그 사실만 알 뿐 구체적으로 어떤 내용이 어떻게 바뀌었는지 알 수가 없다.

초등 학령기 특히 저학년과 중학년 자녀의 학습에 부모가 미치는 영향은 지대하다. 부모가 교육에 대해 어떤 방향과 철학을 가지고 자녀를 지도하느냐에 따라 아이의 학습 태도와 역량이 좌우되기 때문이다. 그러므로 학부모는 바뀌는 교육과정에 세심한 관심을 기울이고, 가장 기본적인 공부 도구인 교과서에 대해 자녀보다 먼저 이해할 필요가 있다.

스팀형 초등 통합교과서

최근 융합인재교육을 목표로 바뀐 스팀형 초등 개정교과서의 틀을 살펴보자. 스팀형 2009 개정교과는 시범학교 운영을 통해 2013년부터 학년군별로 개정되어 2015년까지 초등학교 전 학년 개정이 이루어졌다.

스팀형 교과는 형식과 내용면에서 커다란 변화가 있다. 초등 6년의 교육과정은 융합교육의 출발점으로 초등 1~2학년군의 주제별 교과서와 3~4학년군과 5~6학년군의 과목별 통합교과서로 구성된다. 그 특징과 내용을 살펴보면 먼저 '학년군'제를 이용하여 초등 6년을 세 학년군(1~2, 3~4, 5~6학년군)으로 나누어 학습 주제를 기본부터 연계하여 심화까지 다룬다.

1~2학년군은 8가지(학교와 나, 가족, 이웃, 우리나라, 봄, 여름, 가을, 겨울) 대주제로 월별 주제를 선정하여 주제별 학습을 시작한다. 초등 저학년 아이들의 발달과정은 '구체적 조작기'로서 사물이나 현상을 직접 눈으로 보고 체험해봐야 이해가 가능하기 때문에 이런 주제를 설정하고 있다. 구체적인 활동 중심의 주제는 아이들의 가장 가까운 관심사인 '나'로부터 '우리나라'로 확장되며, 아이들이 생활 속에서 시간의 흐름에 따라 자연스럽게 느낄 수 있는 4계절이 선정된 것이다. 이 1~2학년군의 주제별 교과는 3학년 이후 본격적인 통합

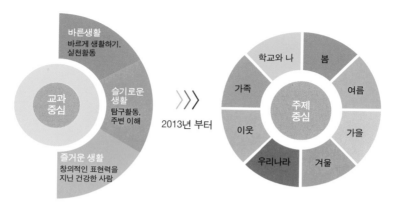

교과 중심에서 주제 중심으로 바뀐 초등 1~2학년군

형 교과의 토대를 마련하므로 중요한 과정이다.

　1~2학년과 달리 추상적 사고가 발달하는 3~4학년군부터는 과목이 세분화되기 시작한다. 그러나 과거 과목별 분과형태의 수업을 떠올리면 안 된다. 3~4학년군과, 5~6학년군은 과목은 세분화 되어있으나 모두 통합형 교과이다. 통합형 교과란 중심이 되는 과목이 있을 뿐, 그 중심 과목과 연계되는 다양한 타과목이 융합되어 지식의 연결성과 생각의 확장을 함께 경험하도록 하는 것이다. 예를 들어 교과 이름은 사회이지만 학습의 세부 내용을 보면 사회와 국어, 과학, 수학, 역사, 예술 과목 등 다채롭게 지식을 연결하고 있다.

　이 초등 스팀형 개정교과서는 융합인재교육을 위한 도구이다. 그러므로 주제별, 통합형 교과서는 앞에서 이야기한 것처럼 개별화된 지식 습득이 목적이 아니라, 다양한 영역별 지식의 융합을 통해 자신의 방식으로 지식을 재창조해 내는 것을 목표로 하고 있다.

스토리텔링과 체험탐구학습

이제 통합교과에서 특히 강조한 스토리텔링 기법과 활동 위주로 구성된 체험탐구학습에 대해 살펴보자.

스토리텔링이 화두로 떠오르면서 이전에 없었던 새로운 공부 비결이 등장한 듯 여기저기서 관심이 대단했다. 하지만 스토리텔링은 전에도 교과서 지문으로 나오거나 교사들도 사용해 왔던 기법이다. 말하자면 학교 다닐 때 선생님께서 "예를 들어…"라며 이야기해 주었던 부분이 스토리텔링이다. 스토리텔링은 이해하고 기억해야 할 대상을 이야기 혹은 이미지로 구조화하여 학습자의 이해와 기억을 도와주는 수단이다. 뇌 발달 관련 이론에 따르면 인간의 뇌는 이런 형태의 지식 습득을 더 좋아한다고 한다.

개정교과서는 학습자가 학습을 할 때 좀 더 흥미를 느낄 수 있도록, 또는 제시된 상황을 통해 이해의 폭을 넓힐 수 있도록 모든 과목에 스토리텔링 기법을 추가했다. 특히 스팀 교육은 특정한 상황 제시를 통해 창의적인 문제해결력을 기르도록 유도하는 교육이므로 스토리텔링을 전 과목에 활발하게 사용한다.

또한, 스팀형 교과에서는 지식을 단순히 이론으로 습득하는 것이 아니라 체험탐구활동을 강조하여 개념과 원리를 스스로 터득하게 하고, 그 과정과 결과를 자신의 언어로 직접 기록하게 한다. 그래서 교과서 내용에는 대부분 '탐구해 보기', '조사해 보기', '관찰해 보기' '체험해 보기' 등의 활동을 제시하고 있다. 이는 탐구와 체험활동을 통해 학습자가 스스로 교과서를 채워 나가는 능동적 태도를 기르도록 하는 것이다. 개정교과서의 이런 활동 위주 학습은 사전 지식이 부족하거나 평소에 이론으로만 지식을 습득하는 것에 익숙한 수동형 아이들에게는 매우 불편한 수업이다. 그러므로 학부모는 개정 통합교과서를 미리 살펴보고 아이들이 교과와 관련된 직 · 간접 체험의 기회를 갖게 하여 수업시간에 당황하지 않도록 대비해야 한다.

2015개정 교과서

'2009개정 교육과정' 이후 '2015개정 교육과정'이 다시 발표되었다. 이 과정은 2017년 초 1~2학년을 시작으로 2020년 초 · 중 · 고교 전체에 적용된다. '문 · 이과 통합형 교육과정'이라고도 불리는 이번 개정 교육과정의 가장 큰 변화는 고교 문 · 이과의 구분 없이 '공통 과목'과 '선택 과목'으로 구성된다는 점이다.

2015개정 교육과정 중 초등과정에서도 몇 가지 큰 변화가 있었다. 초등학교에서는 1~2학년군에 한글 교육을 강조하였으며, 수업 시수가 주당 1시간(1~2학년군 전체 64시간)이 늘어 학교 돌봄 기능을 강화하였다. 또, 수업시수는 늘리되 학습 부담이 생기지 않도록 창의적 체험활동 시간을 활용해 체험 중심의 '안전한 생활'을 교과로 편성하여 안전의식을 강화하도록 했다.

특히 새롭게 도입하는 수업 프로그램으로 소프트웨어 교육이 있다. 실과 교과는 ICT(Informaion and Communications Technologies) 활용 중심의 정보 관련 내용을 SW(소프트웨어) 기초 소양교육으로 개편해 5~6학년군에서 17시간 내외로 학습하게 된다.(이와 관련된 상세한 내용은 5장을 참고하라.)

그리고 교육부는 올해(2016년) '거꾸로 교실' 학습 모델을 개발한 뒤, 2017년부터 시범학교를 시작으로 점차 확대할 예정이다. 이는 교사중심의 강의식 수업에서 탈피하고, 학습자 중심의 자발적인 배움이 일어나도록 수업 형태를 전환하겠다는 의지를 보여주는 공교육의 변화이다.

2015 개정 교육과정은 2009개정 교육과정에 이어 인문학적 상상력과 과학기술 창조력을 갖춘 창의융합형 인재 양성을 목표로 교육과정이 재설계된 것이다.

중요한 것은 교육과정이나 교과서가 무엇이 얼마나 어떻게 바뀌었는지 또 그 목표가 무엇인지 학부모가 먼저 제대로 알아야 자녀의 교육 플랜도 바르게 세울 수 있으며, 효과적인 가이드를 제시할 수 있다는 것이다.

STEAM, 수업모델로 바라 본
융합인재교육

스팀 수업의 준거틀

미국 STEM 교육의 선구자 마크 샌더스 교수는 스템 또는 스팀수업 방법에 대해 이렇게 말했다.

"T(Technology)와 E(Engineering)가 없는 STEM은 STEM이나 STEAM이 될 수 없다. (There can be no STEM or STEAM education without T & E in STEM.)"

샌더스 교수는 스팀교육에서 창의적인 기술이나 공학의 중요성을 강조했다.

진정한 스팀교육은 과학과 수학의 개념·원리를 바탕으로 기술·공학에서 강조하는 설계(plan)와 만들기(making) 중심의 창의적 문제해결이 일어나야 한다. 그리고 이들을 융합하는 과정에서 독창적인 감성과 디자인(art)이 접목된 창조적 결과물이 있어야 한다. 고로 융합인재교육의 스팀수업은 창의적인 산출물을 도출하는 것이 수업의 완성이며, 그 성공의 경험으로 또 다른 창의적인 스팀 경험을 이어가도록 흥미와 동기를 부여하는 것이다.

한국과학창의재단에서 제시한 융합인재교육의 스팀수업은 총 3단계로 구성된다. 스팀수업은 이 3단계의 선순환으로 창의융합형 사고를 기르기 위해 아이들의 능력을 지속적으로 개발시키는 것이다.

〈조향숙(2012. 4)의 스팀수업 3단계〉

스팀수업의 사례

2장에서 STEAM의 개념과 목표를 살펴보았다. 이를 상기하며 스팀형으로 진행하는 수업 사례를 통해 스팀교육에 대해 좀 더 깊이 이해해 보자.

다음은 스팀 시범 초등학교 5학년에 진행했던 '로봇과 인간의 만남'이라는 주제별 프로젝트 수업이다.

1) 단원명 로봇과 인간의 만남

2) 수업 모형 문제중심학습

3) 단원 개요

이 단원은 '우리 몸의 생김새'라는 단원과 관련된 내용으로 문제중심학습을 적용하여 새롭게 개발한 단원이다. 로봇 제작이라는 문제 해결을 위한 인간의 감각기관, 신경계, 운동기관의 구조와 사고 작용을 이해하고, 실제 로봇을 제작하는 과정을 통해 과학 탐구과정 지식을 습득하며 창의적 문제해결력을 신장시킬 수 있도록 개발하였다.

4) 단원 목표

(1) 우리 몸 속 기관들의 구조와 기능을 설명할 수 있다.

(2) 자극과 반응의 과정을 예를 들어 설명할 수 있다.

(3) 인간과 로봇을 비교하여 로봇의 구조와 작동방법을 설명할 수 있다.

(4) 자극과 반응의 과정을 이용하여 새롭고 적절한 로봇을 설계할 수 있다.

(5) 로봇을 조립하면서 생기는 문제점을 모둠원들과 효과적으로 의사소통하며 해결할 수 있다.

(6) 모둠원들과 협동하여 활동에 적극적으로 참여한다.

5) 학습 내용 및 활동의 개요

차시	단계	학습 내용 및 활동	STEAM 요소
1~2	문제 제시 및 문제 해결 계획 세우기	• 문제 상황 제시 • 문제 파악하기 • 문제 해결 표 만들기	SET
3~8	정보 탐색	• 로봇을 만들기 위해 필요한 우리 몸의 기관에는 어떤 것이 있는지 알아보기 • 인간에게 필요하지만 로봇에게는 없어도 되는 기관에는 어떤 것이 있는지 질문하기 • 로봇을 만들기 위해 먼저 알아야 할 감각기관, 뇌, 뼈, 근육, 신경 등에 대해 각 모둠에서 전문가 어린이를 한 명씩 선정하여 팀을 구성하기	SET
		• 전문가 어린이들이 맡은 주제에 관한 자료들을 가지고 토의하고 발표하여 자료 만들기	SET
		• 감각기관, 뼈, 근육, 신경, 뇌 • 각각의 기관에 대해 연구한 것을 소개하기	S

		• 자극에서 반응까지의 과정 이해하기 • 감각기관을 통해 받아들인 자극이 어떤 과정을 거쳐 반응하는지에 관해 알아보기 • 자극에 대해 반응하는 시간이 사람마다 어떻게 다른지 이야기해 보기 • 실험을 통해 자극에 대해 반응하는 시간을 조사해보기 • 자극에 대해 반응하는 시간이 다르기 때문에 실생활에서 유의해야 하는 점에 관해 이야기해 보기 • 로봇의 구조 알아보기 • 센서-CPU-동력장치 • 로봇 구조를 인간의 자극과 반응의 과정으로 알아보기 • 로봇의 작동 원리 알아보기	S SET
9	재탐색	• 로봇에 대해 더 궁금한 것 알아보기 • 프로그래밍 방법 알아보기	SET
10~ 15	해결책 고안	• 모둠별로 만들고 싶은 로봇을 설계하기 • 필요한 준비물과 역할 나누기 • 로봇 제작하기 • 로봇 작품 전시회 • 평가하기	SET A

김진수《STEAM 교육론》에서 발췌

위 프로젝트는 '로봇과 인간의 만남'이라는 주제를 가지고 로봇을 제작하기 위해 제시된 상황에 대한 문제 파악과 문제해결 계획 세우기로 출발한다. 그리고 로봇을 설계하기 위해 과학적 원리를 기반으로 문제해결을 하고 최종적으로 로봇을 제작하여 작품 전시회를 하며 아이들 스스로 평가까지 한다.

앞의 사례에서 본 것처럼 스팀수업은 과정 중심의 구체적인 활동으로 이루어지며, 이론으로 배운 지식을 활용하여 교실 밖의 세상에서 문제해결력이 있는 창의적인 인재로 성장할 수 있도록 체계적으로 연습하고 있음을 알 수 있다.

이 밖에도 스팀 수업의 주제는 '아프리카 기근 문제해결을 위한 아이디어 창출', '탄소 제로 하우스 설계', '현의 길이 비율을 이용한 전자 기타 만들기' 등 좀 더 현실적이고 미래지향적인 주제를 이용하여 '토론·토의 수업', '프로젝트 수업', '모둠 수업'이 주류를 이룬다. 이런 스팀 수업을 통해 학생들의 적극적인 수업 참여와 창의적인 문제해결력 신장, 교사와 학생간의 원활한 소통 등 긍정적인 변화가 나타나고 있다.

STEAM, 융합인재교육의 기초체력은 수학·과학이다

STEAM에서 S(science)와 M(mathematics)의 역할

디지털 혁명 시대에는 과학기술을 이용하지 않고는 한시도 살아갈 수 없다. 이런 세상은 학교를 융합교육의 장으로 탈바꿈시켰고, 융합교육에서는 수학·과학의 중요성과 비중이 날로 커지고 있다. 과거에도 수학과 과학은 사회 발달에 중요한 학문이었다. 하지만 오늘날 수학·과학에 대한 관점은 과거 전통적인 관점과는 전혀 달라졌음을 알아야 한다. 즉 스팀교육에서 요구하는 수학과 과학, 즉 S(science)와 M(mathematics)의 역할과 의미가 무엇인지 알아야 한다. 스팀은 과학과 수학을 바탕으로 기술과 공학을 융합한다. 바꿔 말하면 E(engineering)와 T(technology)로 결과를 만들기 위한 수학과 과학이 필요한 것이다.

수학과 과학은 인간의 생활과 뗄 수 없는 영역으로 문명을 발달시킨 도구였다. 그래서 우리에게 항상 주요한 학문이었던 것이다. 그런데 같은 학문이어도 학문을 습득하고 활용하는 방법은 사회의 요구에 따라 달라진다. 산업사회에서는 가공된 지식을 과목별로 학생들에게 주입했고 학생들은 모든 과목을 단순암기 형태로 학습했다. 그러나 지식 기반의 융합사회에서는 수학과 과학의 새로운 프레임을 요구하고 있다.

STEAM 교육에서 기대하는 수학·과학

그렇다면 스팀의 바탕이 되는 수학 · 과학의 새로운 프레임이란 무엇일까? 스팀은 제시된 문제를 이해하고 해결하기 위해 다양한 시각으로 개념을 응용하여 설계와 만들기로 결과물을 도출한다. 이때 문제해결의 기본이 되는 원리는 수학 · 과학이다.

앞에서 5학년 '로봇 수업'의 사례를 보면 로봇을 설계하고 만들기 위한 사전 작업으로 먼저 인간의 몸에 대해 알아보고 있는데, 이

과정은 총 15차시 중 절반 이상을 차지했다. 이것을 통해 알 수 있는 사실은 학습자가 문제해결을 위해 적용해야 하는 개념의 본질을 완전히 이해하는 것, 곧 개념의 자기화가 되어야 다음 단계로 나갈 수 있다는 것이다. 즉 스팀교육에서는 학습자가 수학·과학의 개념 원리를 상황에 따라 다양하게 적용할 수 있도록 완전하게 이해해야 한다.

여기서 학습자는 개념 원리의 완전한 이해를 문제 풀이 능력으로 생각하면 안 된다. 학생들은 수업을 통한 '이해'를 '완벽한 앎'으로 생각하는 경우가 많다. 하지만 교사의 설명으로 이해한 단순하고 표면적인 이해는 아직 '학습의 자기화'가 안 된 것이며, 배운 것을 가지고 '연습'을 한 후 타인에게 설명할 수 있을 때에 비로소 '완전한 앎, 지식의 자기화'가 된 것이다. 누구나 로봇을 안다고 생각할 수 있으나 인간 몸과 로봇의 관계를 말로 설명하지 못한다면 단지 명칭만 알 뿐 로봇을 완전히 안다고 할 수 없는 것과 같다.

또한 수학과 과학은 초·중·고에서 배우는 영역 간의 계통이 뚜렷한 고리 학문이다. 고리 학문의 특성은 지식의 개념 이해와 자기화가 부족하여 개념의 고리가 끊기게 되면 다음 단계로 나아갈 수 없다는 것이다. 그래서 수학·과학은 기초 개념 학습의 중요성을 특히 강조하는 과목이다. 이 고리 학문의 기본 토대는 초등 시기에 형성된다. 그러므로 이 시기에 개념 학습보다 문제 풀이에 치중하여 개

넘이 부족한 상태에서 상급 학년으로 올라가게 되면 개념의 고리가 끊어지게 되고, 중·고등 시기에는 결국 '수포자(수학을 포기한 자)'나 '과포자(과학을 포기한 자)'가 될 수도 있다. 그만큼 수학·과학은 초등 시기의 기초체력, 즉 기본 개념 형성이 중요하다.

괴테도 "개념을 일반적으로나 대략적으로만 알고 자만하면 끔찍한 불행을 가져올 수 있다."고 개념의 중요성에 대해 말한 바 있다. 개념의 온전한 이해 없이 심화, 응용 단계로 넘어가면 학습에서 곤란함을 겪을 수밖에 없다.

STEAM 수학·과학의 공부는 차별성 있게

초등의 도형 영역은 중등의 기하학으로 연결된다. 오늘날 학생들이 배우는 도형의 개념이 나오게 된 역사를 거슬러 올라가보면 고대 이집트 문명의 근원지인 나일 강의 홍수와 만난다. 매년 나일 강이 홍수로 범람할 때마다 강 주변 땅의 경계가 사라지자, 고대 이집트인들은 미리 자기 땅의 넓이를 재어놓을 필요가 있었다. 이런 이유로 이집트인은 측량술을 발달시켰고, 이것이 기하학의 뿌리가 되었다. 도형과 공간을 다루는 기하학은 영어로 'geometry' 인데, geometry는 geo(토지)와 metry(측량)의 합성어다. 이 영어 단어를 통해서도 측량과 기하학의 관계를 알 수 있다.

이렇듯 오늘날 우리가 공부하는 지식에는 역사가 있다. 그 역사 속에서 인간은 생존을 위해 지식을 발달시켜 왔음을 알 수 있다. 특히 인간 문명의 발달과 밀접한 관계가 있는 수학과 과학의 역사는 깊다. 그러므로 스팀에서는 먼저 지식의 뿌리와 발달 과정을 살펴볼 것을 권한다. 그러다 보면 자연스럽게 개념 이해가 되고, 그런 과정에서 습득한 지식은 다양한 방면으로 응용이 가능하며, 본인도 모르는 사이에 전체를 아우르는 통찰력이 생겨나는 것이다.

두 번째로 스팀에서는 생활 속의 문제해결력을 중시한다. 스팀형 통합교과서는 대부분 다양한 영역의 생활사례 중심으로 구성되어 있다. 지식과 생활을 연결시켜 생활 속 문제해결능력을 키우게 하는 것이다.

예를 들어 4학년 과학 교과서에 '혼합물과 혼합물 분리'가 나온다. 학습목표는 혼합물이 무엇인지 이해하고 혼합물 분리가 왜 필요한지, 혼합물 분리는 어떻게 하는지 아는 것이다. 교과서는 이 과정을 이해시키기 위해 혼합물인 김밥, 에어컨의 공기여과장치, 미역국에 뜬 기름 분리법, 콩과 철가루 분리법, 바닷물에서 소금을 얻는 법, 분리수거와 재활용 등 전 과정에 생활 속 재료를 등장시킨다.

이런 구체적인 생활 속 사례 중심의 학습은 이해가 빠르고 머릿속에도 오래 남는다. 이를 통해 학습자는 수학과 과학의 원리를 생활과 연결하여 생각하는 법을 터득할 수 있고, 수학과 과학의 눈으로 세상을 탐구하는 습관을 기를 수 있다. 이런 습관은 실타래처럼 엉킨 복잡한 현실의 문제를 논리적으로 풀 수 있는 지혜의 눈을 갖게 한다.

마지막으로 스팀에서 강조하는 수학과 과학은 탐구중심의 학습이 되어야 한다. 이론 암기로 과학과 수학을 공부하는 시대는 지나갔다. 때로는 단순지식의 암기가 필요한 부분도 있으나, 스팀형 수학과 과학은 사실적 지식을 바탕으로 생활 속의 현상을 직접 관찰하고 실험하게 한다. 그 과정에서 논리적으로 사고하고 결과를 유추할 수 있어야 한다. 때로는 결과로부터 원인을 찾아내는 사고도 필요하다.

그러므로 스팀형 수학과 과학은 정답을 구하는 것보다 문제를 파악하고 그 문제를 해결하기 위한 학습자의 적극적인 태도와 다양한 문제해결의 방법을 찾아내고 적용시키는 것을 더 중요하게 여긴다. 최근에는 과학뿐 아니라 수학 수업도 과정 중심의 탐구학습으로 전환하였고, 교사가 수업시간에 아이들을 관찰하여 평가를 하는 '관찰평가'를 도입했다.

세상은 점점 예측할 수 없는 우연과 불확실성, 그리고 혼돈 속으로 빠져들고 있으며, 우리가 풀어내야 할 과제도 점점 많아지고 있다. 그런 세상에서 모든 분야에 근본으로 작용하는 수학과 과학을 도구로 탄탄하게 쌓은 논리적 사고력은 가장 큰 경쟁력이다.

STEAM,
모든 과목에 접목되는 ART

Art, '예술'의 사전적 의미는 '기예와 학술을 아울러 이르는 말' 또는 '특별한 재료, 기교, 양식 따위로 감상의 대상이 되는 아름다움을 표현하려는 인간의 활동 및 그 작품'이다. 일반적으로 '예술'은 소수의 특별한 재능이라고 생각하지만 이제 세상은 모든 사람에게 예술가적인 재능과 접근을 요구하고 있다.

사실 우리는 매일 '예술'을 적극적으로 실천하고 있다. 아침마다 입을 옷을 스타일링하고, 음식을 만들어 식탁을 디자인하며, 집 안 곳곳을 인테리어하거나, 듣고 싶은 음악을 선곡하기도 한다. 또는 현대인에게 액세서리나 다름없는 스마트폰을 개인의 취향에 따라 새롭게 꾸미기도 한다. 이처럼 아름다움을 추구하는 모든 활동이 예술이며, 이렇게 우리는 생활 속에서 본능적으로 예술을 추구하며 살고 있다.

STEM + Art여야 하는 이유

《새로운 미래가 온다》의 저자 다니엘 핑크는 예술을 추구하는 새로운 사회를 '하이컨셉 · 하이터치'의 시대라 정의했다. 인류 역사상 그 어느 때보다 물질적인 풍요를 누리는 현대인들은 정신적 가치를 더 소중하게 여기게 되었다고 한다. 그래서 예술적 · 감성적 아름다움을 창조하는 '하이컨셉'을 추구하고, 타인의 공감을 이끌어내는 능력인 '하이터치' 재능이 필요하다는 것이다. 사회의 변화가 누구나 예술을 추구하도록 만든 것이다.

최근에는 논리적이고 분석적인 사고를 추구하는 의과대학에서도 '이야기 치료' 같은 과목이 신설되고 있고, 예일대의 의대생들은 예일 예술센터에서 예술작품 감상력을 기르는 훈련을 받고 있다. 또 UCLA 의과대학은 1일 환자 체험 프로그램을 운영하여 의대생들이 환자와 공감대를 나누는 훈련을 하도록 하고 있다. 이제는 환자의 마음을 느낄 수 있는 공감능력과 감수성을 가진 의사가 필요하다.

그래서 의과대학에서는 과거와 달리 기능적인 측면과 환자와 소통할 수 있는 정서적인 측면을 함께 훈련시키고 있는 것이다.

이처럼 물질이 풍요로워지고 세상이 자동화되어 기술이 고도화될수록 기술에 감성과 영혼을 불어넣는 하이터치를 겸비한 융합형 인재가 더욱 필요하다. 이러한 시대적 요구에 발맞춰 우리나라에서는 미국 등에서 진행하고 있는 STEM에 Art를 더해 STEAM 교육을 진행하고 있다.

모든 과목에 융합되는 Art

실제로 STEAM 개정 교육과정에서는 모든 과목에 예술을 연계하여 개정교과서에 이를 적용하였다. 예를 들어 초등 수학 교과서에는 칸딘스키의 〈콤포지션 넘버 8〉이라는 작품을 감상하고 수학과 관련하여 느낀 점을 이야기해 보라고 한다. 〈콤포지션 넘버 8〉은 점, 선, 면의 수학적 요소를 이용하여 음악적인 감성을 느끼게 하는 미술작품이다. 즉 아이들에게 수학과 음악 · 미술을 융합시킨 작품을 감상하게 함으로써 수학의 논리성과 예술적인 감수성을 조합시킬 수 있게 하는 것이다. 또 도형을 이용하여 악기를 만들어 보게 하거나, 시간과 길이를 배우는 단원에서는 선생님이 들려주는 음악을 감상한 후 감상 시간의 길이를 측정하게 한다.

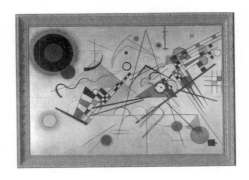

〈콤포지션 넘버 8(초등 2학년 수학)〉

　과학 시간에는 세포 관찰을 해 보고 세포의 여러 모양들을 이용하여 의상 디자인을 해서 친구들과 서로의 작품에 대한 평가를 하게 한다(사진 참조). 또 '이산화탄소 다이어트'를 주제로 한 프로젝트 수업에서는 마지막 시간에 지구 온난화 현상에 대해 '캠페인 송'을 만들어 불러 보게 하고 있다.

　이 외에도 연극, 게임, 창의적 글쓰기, 요리 또는 UCC 제작 등등 스팀의 창의예술성 훈련이 다양한 방법으로 모든 학습에 적용되고 있다. 융합교육의 다양한 Art 활동은 아이들의 창의적인 본성을 끌어내 준다. 이런 활동을 한 아이들은 학습에 적극적인 태도로 바뀌고, 학습의 즐거움을 느껴 다음 학습에 기대를 갖게 된다. 그러므로

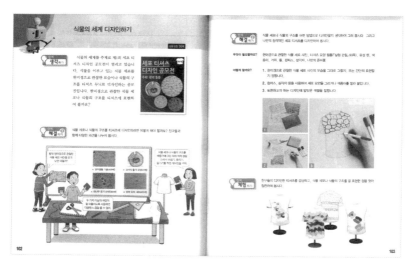

〈초등 5학년 과학 교과서 - 식물〉

학습과 예술 활동의 연계는 앞으로 더욱 활성화될 것이다.

창의적인 예술성을 키우려면

피카소는 "모든 아이는 예술가로 태어난다. 자라면서 그 예술성을 지키는 것이 문제다."라고 지적했다. 피카소의 말처럼 예술성은 어릴수록 충만하다. 특히 유아부터 초등 시기의 아이들은 생각이 자유롭고 제한도 없다. 다른 사람들의 눈도 의식하지 않는다. 이 시기 아이들의 사고는 무한하고 유연하며 창의적이다. 또한 외부로부터 오는 신호들을 가지고 놀라울 정도로 새로운 연결을 만들어내는 창의융합적 사고를 갖고 있다.

이러한 능력을 끄집어내고 신장시키기 위해서는 지속적으로 자극을 주는 감성적 환경과 적당한 도구가 있어야 한다. 이런 환경과 도구는 특별한 것이 아니어도 괜찮다. 우리 집, 우리 동네는 아이들에게 충분한 감성적 환경과 도구를 제공한다.

그리고 자주 아이들을 실컷 놀게 하자. 아이들은 자유롭게, 재미있게 노는 사이에 집중력과 예술적 창의성이 폭발한다. 미국의 한 연구 결과에 따르면, 자유로운 놀이는 인지발달을 촉진시키며, 또한 인지발달을 유지하기 위해서 중요하다고 한다. 신경과학자들도 육체활동을 통해 뉴런이 생성하는 물질과 뇌의 학습 및 기억중추인 해마의 생산이 늘어난다고 했다.

이처럼 이미 예술가로 태어난 아이들에게 예술성을 자극하는 다양한 경험과 자유로운 놀이는 타고난 감각을 끄집어내어 창의융합 시대에 꼭 필요한 '하이컨셉, 하이터치'의 재능을 키워줄 수 있다.

STEAM,
교실의 주인공은 학생이다

융합수업은 아이들의 문제해결력을 신장시키기 위한 훈련이기 때문에 강의식 수업을 최소화하고 아이들이 스스로 배움을 창조해 내는 Project 수업을 주로 한다.

PBL수업

최근 STEAM 교육이 전 세계 교육의 관심으로 대두되면서 프로젝트를 기반으로 하는 수업 PBL(Project Based Learning) 이 여러나라에서 긍정적인 반응을 얻고 있다. 우리나라에서도 초등과정에서는 PBL이 활발하게 진행되고 있다.

세계토론대회에서 4년 연속 1등을 하고 있는 뉴질랜드의 한 초등학교 PBL 시간에는 학습할 주제를 아이들 스스로 정한다. 스스로 정한 주제에 대해 조사하고 자료를 만들어 동료들 앞에서 발표를 하면 나머지 아이들은 경청 후 평가를 한다.

지식을 일방적으로 전달하는 전통적인 강의식 수업은 어떤 아이들에게는 어렵고 또 누구에게는 쉽다고 한다. 그러나 학습자 자신들이 주체가 되어 활동하고 토의하며 지식을 만들어 가는 참여형 프로젝트 기반 수업은 각자의 수준에서 수업에 참여할 수 있다. 이제 아이들은 혼자가 아니라 함께 문제를 해결한다. 그 과정에서 아이들은 자신의 수준에 맞는 다양한 능력이 개발되는 것이다.

Project 수업의 특장점

프로젝트 수업에 대해 좀 더 구체적으로 이해하기 위해서 실제 현장에서 진행된 수업을 살펴보자.

서울의 한 초등학교 5학년 통합사회 수업에서 '지속 가능한 발전'이라는 대주제와 연결된 '지구가 아파요'라는 프로젝트가 진행되었다.

교실에는 4명씩 5개의 모둠이 있다. 수업은 교사의 프로젝트 안내로 시작한다. 이어서 프로젝트 1단계는 각 모둠별로 주제에 대해 '뉴스'나 '연극'을 만들어 발표를 하고, 발표한 내용에 대해 교사와 학생들이 이야기를 나눈다.

2단계는 '우리 생각을 모아요' 코너로 모둠별 브레인라이팅(교사가 나눠준 포스트잇에 각자의 의견을 생각나는 대로 적는 것이며 이때 하나의 포스트잇에 하나의 의견을 적는다.)으로 다양한 해결방안을 모은다. 다양한 의견은 모둠별로 칠판에 붙이고 그 내용으로 다시 이야기를 나눈다.

3단계는 '우리 마음을 전해요'로 주제와 관련된 관계자에게 편지를 쓴 후 발표를 하고, 마지막 4단계는 '내가 생각하는 지속 가능한 발전이란 무엇인가'를 생각해 한 줄로 요약해서 발표하고 마무리한다.

이 수업은 특성상 수업시수 조정이 가능하고 블록수업(전문성이 필요한 교과목은 수업시수를 묶어서 진행, '블록 타임제'라고 불리기도 함.)으로 하기도 한다. 이때 교사는 각 단계에서 다음 단계로 넘어갈 때 전 단계에 대한 정리와 새로운 단계에 대한 안내를 해주어 전체 진행을 도와준다.

이 프로젝트 수업의 특장점을 살펴보면 첫 번째, 교실에서 아이들의 배치가 달라졌다. 모두가 칠판을 향해 앞만 바라보는 형태가 아니라 4~5명의 모둠원들이 둘러앉아 팀 학습을 한다. 프로젝트 수업은 모둠을 구성하여 동료와 배움을 주고받고 동료들과 협동을 하여 문제를 풀어나간다. 이것을 '동료학습법'이라 일컫는 《학교혁명》의 저자 켄 로빈슨은 이렇게 말했다.

"메리와 존이라는 두 학생이 나란히 옆에 앉아 있다고 가정해 보자. 어떤 것을 이해해서 맞는 답에 이르게 된 메리는 강의실 앞에 있는 교사보다 존을 더 잘 납득시킬 가능성이 높다. 왜냐하면 메리는 조금 전에야 그것을 터득했기 때문에 존이 어떤 난관에 막혀 있을지 이해하고 있을 것이고 반면에 교사는 아주 오래전에 배운 내용이고 너무 당연한 것이라 초보 학습자가 어떤 난관에 있는지 더 이상 헤아려 주지 못하기 때문이다."

켄 로빈슨은 동료학습법이 전통적 강의식 수업보다 학습 성과에서 표준편차가 2단계 높게 나온 연구결과를 제시했다.

프로젝트 수업의 두 번째 장점은 모둠원들과 활동을 한 후 그 결과를 발표하고 이에 대하여 서로 이야기를 나누는 것이다. 즉 프로젝트 수업은 활동, 토의와 발표, 평가로 이어지며, 이것은 모두 학생들의 주도로 이루어진다. 이 과정에서 아이들은 자기주도학습력과 자발적인 학습 태도가 형성되고 이는 자연스럽게 성적 향상으로 이어진다. 또한 수업시간 내내 타인의 이야기를 잘 듣고 자신의 의견을 말해야 하므로 말하기 능력과 경청하는 태도, 배려심이 길러진다.

세 번째 장점은 집중력과 창의력이 강화된다는 것이다. 프로젝트 수업은 가만히 앉아서 듣기만 하는 수업이 아니라 스스로 생각하는 시간이다. 아이들은 제시된 주제를 가지고 끊임없이 질문과 의견을 내 놓아야 한다. 아이들은 수업 내내 몰입할 수밖에 없는 상황이기 때문에 사고력이 향상되며, 다양한 의견들이 섞이면서 상상력과 창의성도 함께 폭발적으로 늘어난다.

마지막으로 아이들은 프로젝트를 진행하며 성공과 실패를 다양하게 경험하게 된다는 것이다. 이러한 경험들은 세상에 나가서 새로운 프로젝트를 수행할 때 자신감을 갖게 하며 설혹 실패하게 되더라도 스스로 일어설 수 있는 기반이 된다.

이 프로젝트 수업에서 가장 중요한 점은 공부를 대하는 아이들의 태도 변화이다. 아이들은 프로젝트 수업을 하면서 "재미있다.", "참여할 수 있어서 좋다 .", "또 하고 싶다.", "학교가 즐겁다. 수업시간이 기다려진다."라는 표현들을 많이 한다. 이같이 프로젝트 수업은 공부를 놀이처럼 즐기게 해 준다.

물론 모든 아이들이 처음부터 이 수업을 즐기는 것은 아니다. 처음엔 생소해서 지켜보기만 하는 아이들도 있고 발표하는 것을 쑥스러워 하는 아이들도 다수 있다. 하지만 수업과정에서 자꾸 연습하다 보면 아이들은 어느덧 교실의 적극적인 주인이 된다. 교실의 주인이 된 능동적인 아이들은 훨씬 더 많은 배움을 일으킬 수 있다.

그렇다면 교사의 역할은 무엇인가

프로젝트 수업의 주체는 학생이다. 그럼 교사는 어떤 역할을 해야 할까?

전통적인 교실의 주인공은 교사였다. 교실에서 가장 많은 지식을 소유하고 있는 교사는 일방적으로 가르치는 사람이었고 반대로 아이들은 선생님이 전해 주는 지식을 일방적으로 전달 받는 사람이었다. 그러나 초고속 인터넷을 이용하여 '검색하는 시대'에 살고 있는 아이들에게 일방적인 지식 전달은 의미가 없어졌다. 즉 융합교육의 프로젝트 수업에서 교사는 지식을 가르치는 'teacher'가 아니라 아이들의 배움을 이끌어주는 'coach'의 역할을 해야 한다.

교실의 코치로서 교사는 첫째, 학생들이 배움을 일으킬 수 있도록 동기유발을 해줘야 하며, 학생들이 넘어질 때 일어날 수 있도록 부축해 주는 조력자여야 한다.

둘째, 교사는 질문가여야 한다. 교사는 경험이 부족한 학생들이 문제해결을 어려워 할 때 실마리를 찾게 해 주고, 생각이 머물러 있을 때 생각의 관점을 넓혀 다음 단계로 나아갈 수 있도록 적절한 질문을 하여 아이들의 생각에 자극을 주어야 한다.

셋째, 융합교실에서 교사는 아이들의 동료여야 한다. 프로젝트 수업을 하는 교실에서 교사는 아이들 앞에서 지식을 전달하는 전달자가 아니라 아이들 곁으로 다가와서 아이들과 함께 소통하는 학습의 동반자가 돼야 한다.

아이들을 교실의 주인공으로 만드는 PBL 수업에 대해 하버드 대학교의 하워드 가드너 박사는 "문제해결을 할 때 '다른 사람들과 협동하면서 우리가 잘한 것은 무엇이고 잘못한 것은 무엇이지? 다음에는 어떻게 해야 더 잘할 수 있지?'라고 고민할 줄 모른다면 21세기에 쓸모없는 사람이 될 것이다. 학교에서 배울 수 있는 내용이면 컴퓨터로도 할 수 있다. 우리는 컴퓨터가 못하는 것을 할 줄 알아야 한다."라고 했다.

컴퓨터에게는 없는 스스로 생각하는 능력을 키워주는 것이 바로 PBL 수업이며, 이 수업을 통해 아이들은 세상의 주인공이 될 준비를 할 것이다.

STEAM,
평가방법을 바꾸었다

일본에서 프랑스로 이주한 한 가정의 어머니는 초등학교에 다니는 아이의 0점 시험지를 보고 깜짝 놀랐다. 그 아이는 일본에서 항상 100점을 맞았던 우등생이었고 아버지가 프랑스인이어서 언어에도 전혀 문제가 없었다. 게다가 아이의 답안지는 어머니가 보기에 답으로 전혀 손색이 없었다. 이상하게 생각한 어머니는 교사에게 찾아가 따졌고 이에 교사는 다음처럼 말했다.

"역사 시험에서 자신의 해석은 하나도 없이 사실만을 적은 답안은 0점입니다."

이 에피소드는《세계 최고의 인재들은 무엇을 공부하는가》의 저자 후쿠하라 마사히로가 들려준 이야기다. 획일화된 교육시스템에서 하나의 정답만 요구하는 교육을 받은 학생이 창의성을 요구하는 교육시스템에서는 통하지 않음을 보여주는 사례다.

새뮤얼 김의 〈한인 명문대생 연구(2008)〉 논문에 의하면 한국에서 두각을 나타냈던 학생들이 세계 명문대에 입학 후 학교생활에 적응하지 못해 도중에 학교를 그만두는 중퇴율이 44퍼센트나 된다고 한다. 주된 이유는 언어 때문이 아니다. 수업시간에 학생들은 수시로 질문하며 자신의 의견을 자유롭게 펼치고, 평가는 에세이(서술·논술형)로 이뤄지는 교육시스템에 적응하지 못하고 결국 중도 포기한다는 것이다.

융합인재교육은 서술·논술로 평가한다

수동적으로 지식을 습득하고 표준화된 시험에만 익숙한 학습자가 학생 주도의 학습 환경에 적응하지 못해 결국 공부를 포기하는 일은 없어야 한다.

그러므로 미래사회에 맞는 교육을 정착시키기 위해서는 수업 방식뿐만 아니라 평가 방식도 바뀌어야 한다. 우리나라도 융합인재교육의 시작과 함께 평가 방법의 변화가 이루어지고 있다. 과거에는 모든 학생들이 교사로부터 전달받은 정해진 지식만을 수용해야 했기에 교사는 학생들이 전달받은 지식을 얼마나 많이 알고 있는지를 평가했다. 그래서 주로 4지선다형의 객관식이나 한 개의 정답이 존재하는 단답형 위주의 주관식으로 출제를 했다.

그러나 융합인재교육은 프로젝트 수업을 통해 문제를 해결하는 과정에 초점을 두고 학습자 자신만의 독창적인 해결방안을 찾도록 한다. 한 개의 정답을 요구하는 표준화된 시험에서는 학생이 어떤 개념을 얼마나 정확히 알고 있는지, 또 답에 도달하기까지 어떤 사고 과정을 거쳤는지를 알 수 없다. 그러므로 융합인재교육에서는 지식의 이해 정도와 사고 과정을 평가할 수 있는 서술·논술형으로 평가 방법을 바꾼 것이다.

다음은 교과부에서 제시한 서술·논술형 평가 예시자료다.

> ※ 아래의 노래 가사를 보고 물음에 답하시오. (서술형)
>
>   바윗돌 깨트려 돌덩이, 돌덩이 깨트려 돌멩이
>   돌멩이 깨트려 자갈돌, 자갈돌 깨트려 모래알
>
> 문제) 노래에서 커다란 바위가 나중에는 작은 모래가 된다. 바위에서
> 모래가 되기까지의 과정을 변화가 일어나는 장소와 자연현상을 관련
> 지어 이야기 형식으로 설명하시오.[10점]

　자료 (1)은 서술형 문제이다. 서술형은 학생이 개념을 얼마나 정확히 이해하고 있는지 평가하는 문제가 많은데, 출제자가 요구하는 형식(위 문제는 이야기 형식)을 갖추어서 써야 한다. 위 문제는 풍화 과정의 다양성을 얼마나 이해하고 있는지를 평가하고 있는데, 성취 기준은 풍화 과정을 적용하여 흙의 생성 과정을 얼마나 창의적으로 표현하는가 하는 것이다.

자료 (2) 초등 6학년 과학 논술형 평가 예시

> ※ 영희네 마을에 개구리가 너무 많아진 원인을 알아내려고 먹이관계
>   를 조사하였다.(논술형)

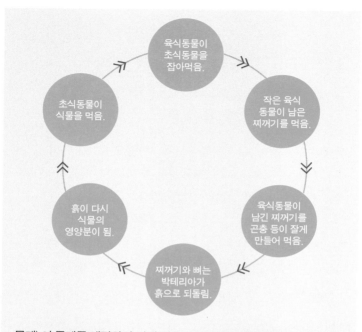

문제) 이 문제를 해결하기 위해 개구리의 천적인 뱀을 풀어놓으려고 한다. 뱀을 풀어놓는 것에 대하여 찬성과 반대 입장 중 한 가지를 정하고 먹이관계를 바탕으로 근거 세 가지를 들어 나의 의견을 쓰시오.[6점]

　자료 (2)에서 본 것처럼 논술형은 서술형 문제와 달리 제시된 문제에 대해 정해진 답을 쓰는 것이 아니라 자신의 의견을 써야 한다. 이때 자신의 의견에 대한 논리적인 근거가 뚜렷하고 창의적이어야 좋은 평가를 받을 수 있다.

훈련이 필요한 서술·논술형

학습자의 사고 과정을 평가하는 서술·논술형은 지식의 개념을 명확히 이해하여 개념을 바탕으로 자신의 생각을 글로 혹은 말로 풀어낼 수 있어야 하며, 더 나아가서 자신의 지식을 연결하고 확장하여 문제에 대한 자신의 의견과 근거를 논리적으로 풀어내야 한다.

그러나 평소 서술·논술형 문제에 훈련이 안된 아이들은 문제 파악에서부터 어려움을 호소한다. 서술·논술형 평가에서 첫 단계는 문제를 정확하게 분석하는 것이다. 출제자의 의도를 제대로 파악하지 못하면 아무리 많은 지식을 갖고 있어도 출제자의 의도와는 다른

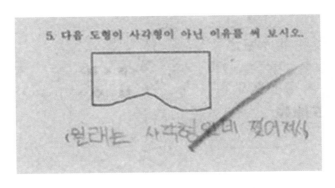

이 학생은 사각형의 모양은 알고 있으나, 사각형의 개념(사각형은 선분이 4개여야 한다)을 이해하지 못하고 있으며 또 출제자의 의도에 맞게 글로 풀어내는 방법을 모르고 있다.

답변을 쓸 수밖에 없고 좋은 평가를 받을 수 없다. (그림 참조)

또한 학생들은 문제를 충분히 이해했더라도 정해진 답이 아니라 자신의 생각과 근거를 몇 줄의 글로 요약하는 것 자체를 어려워한다. 수학에서도 숫자로만 이루어진 문제는 잘 풀지만, 같은 문제라도 서술·논술형으로 형태를 바꾸면 전혀 다른 문제로 인식하여 손도 대지 못하는 학생이 많다.

이에 대해 인천의 한 수학교사는 "아이들이 많은 양의 문제를 풀고 답을 구하는 연습은 했으나 정작 그 원리가 무엇인지 탐구하는 과정을 거치지 않았기 때문이다. 교과서나 참고서에 나오는 개념원리 학습을 가볍게 여기고 곧바로 문제를 풀려는 경향이 있는 학생이라면 반드시 개념원리가 왜 등장했는지를 탐구한 뒤 자신이 생각하는 바를 표현하는 훈련을 꾸준히 해야 한다."고 말했다.

특히 수학은 답을 구하는 것에만 치중하고 풀이과정을 쓰지 않는 학생들도 많이 있다. 하지만 서술·논술형 평가에서 풀이과정 없는 답은 10점 만점에 1점에 불과하다.

교과영역을 넘나들며 지식을 통합하고 이를 재구성해 내는 융합교육은 선다형과 단답형의 평가로는 한계가 있다. 그러므로 통합사고력, 문제해결능력, 창의력 등 아이들의 종합적인 사고력과 글쓰기, 말하기 능력이 요구되는 서술·논술형 평가로 바꿨으며 앞으로 이런 평가 방식의 비중은 점점 커질 수밖에 없다.

아이들이 이런 서술형·논술형 평가에 익숙해지려면 어려서부터 자신의 생각과 느낌을 자주 표현하고, 자기의 의견을 말할 때 그 이유도 논리정연하게 표현하는 훈련을 지속적으로 해야 한다.

훌륭한 건축물을 아침 햇살에 비춰보고 정오에 보고
달빛에도 비춰보아야 하듯이,
진정으로 훌륭한 책은 유년기에 읽고 청년기에 다시 읽고
노년기에 또 다시 읽어야 한다.

- 로버트슨 데이비스

PART 4

생활 속에서 융합형 아이의
그릇을 만들어라

지식의 거미줄을 치게 하자
스팀교육은 주제별 통합독서로 통한다
질문하는 엄마가 질문하는 아이를 만든다
아이의 관심사에서부터 융합시켜라
생활 속 모든 사물과 현상을 뒤집어라
학부모가 융합형이면 자녀는 저절로 융합형

모든 지식은 통한다. 서로 연결되지 않고 따로 떨어져 있는
단편적인 지식은 쓸모 없는 지식이다.
지식의 거미줄을 만들어서 지식의 경계를 없애야 하고,
하나의 주제나 과목을 가지고 여러 분야를 넘나들어
학습자만의 지식의 관계성을 만들어내야 한다.
이것이 융합교육에서 쓸모 있는 지식을 만드는 첫걸음이다.

지식의 거미줄을
치게 하자

토니는 도망가려는 계획을 세우면서 매트에서 천천히 일어났다. 그는
잠시 머뭇거리면서 생각에 잠겼다. 모든 것이 뜻대로 되지 않았다. 그
에게 가장 괴로운 것은 지금 상대방에게 잡혀 있다는 것이다. 그는 그
의 현재 상황을 고려해 보았다. 그를 잡는 상대의 압박은 강했지만 그
는 그것을 풀어낼 수 있다고 생각했다. 그러자면 시도해야 할 시기가
정확해야 한다는 것을 안다. 토니는 자신이 그렇게 심하게 (그가 생각
하기엔 너무 심했다.) 벌칙을 받은 것은 처음에 거칠었기 때문이라는
것을 알고 있다. 상황은 암담해지고 있었다. 압박감이 그를 오랫동안
짓누르고 있었다. 그는 무자비하게 고통 받고 있다. 토니는 지금 화가

나 있다. 그는 지금 움직일 준비가 되어 있다고 느꼈다. 성공과 실패가 앞으로의 몇 초 동안에 그가 어떻게 하는가에 달려 있다는 것을 그는 알고 있다.

여러분은 위 글을 읽고 어떤 장면을 떠올렸는가. 한 실험에서 음악 수업을 받고 있는 학생들과 역도 수업을 받고 있는 학생들에게 위의 글을 제시하고 무엇에 관한 내용인지 파악해 보라고 했다. 음악 수업을 받고 있는 학생들은 토니가 감옥에서 탈출을 시도한다고 생각했다. 반면 역도 수업을 받고 있는 학생들은 토니가 레슬링 시합을 하고 있다고 파악했다. 같은 글을 읽고도 이런 해석의 차이가 생긴 것은 학생들이 가진 배경지식의 차이에서 비롯된다. 이렇듯 각자가 가지고 있는 지식의 구성과 조합은 새로운 학습에 영향을 미친다.

배경지식

배경지식(또는 사전지식)은 이미 머릿속에 들어 있는 지식으로, 새로운 배움의 실마리를 제공해 주고 학습을 확장해 준다. 위 사례에서도 알 수 있는 것처럼 학생들의 각각 다른 배경지식은 다른 입장을 갖게 하기도 한다. 이렇듯 학습에 중요한 영향을 미치는 배경지식은 학습자의 경험으로 만들어진다. 경험은 직접경험과 간접경험으로 나눌 수 있다. 직접경험은 어떤 사물과 현상을 체험할 수 있는 공간에 직접 가서 경험하는 것이다. 반면에 간접경험은 어떤 도구를 이용하여 간접적으로 체험하는 것이다. 이를테면 독서나 미디어 매체를 이용한 체험이 대표적이다.

학습의 질을 좌우하는 배경지식은 직접체험으로 얻는 것이 좋겠지만, 시간과 비용 등의 한계 때문에 간접체험의 비중이 크다. 한 가지 중요한 점은 직접체험도 사전지식이 있는 상태에서 이루어져야 효과적이며, 현장학습 후 간접도구를 이용하여 다시 확인하고 정리하는 단계가 필수적이라는 것이다. 간혹 이런 과정 없이 현장체험만으로 끝내는 경우가 많은데, 이는 그 순간의 체험으로 그칠 뿐 경험으로 쌓이지 못하고 곧 사라진다.

지식의 거미줄이 필요한 스팀교육

기존 지식과 새로운 지식을 융합함으로써 창의적인 아이디어를 내는 스팀수업에서 학생들이 가지고 있는 배경지식은 독창적인 생각을 갖게 하는 중요한 요인 중 하나다. 과학·수학·기술·공학·예술을 통합하는 스팀학습을 할 때 수업 전 학습자의 배경지식은 모두 다르다. 앞에서 말한 것처럼 배경지식은 학습자의 경험에 의해 형성되는 것이기 때문이다. 개개인의 생활환경이 다르고 그에 따른 경험의 질과 양이 다르기 때문에 학습자가 가지고 있는 배경지식은 차이가 날 수밖에 없다. 이러한 배경지식의 차이는 창의성의 질을 결정하는 중요한 변수가 된다.

그런데 스팀교육에서는 과거 분과 형태로 학습하던 때와 다른 형태의 배경지식을 요구하고 있다. 분과 방식의 학습에서는 지식을 분리시켜서 학습을 했기 때문에 학습자의 사전지식도 분리시키는 것이 통했다. 그러나 초등 1~2학년군의 주제별 교과나 3학년 이후 통합형 교과를 학습하는 스팀교육에서는 관계 있는 다양한 분야의 통합 또는 전혀 다른 분야의 지식들까지 연결시키는 힘이 필요하기 때문에 배경지식도 이에 맞게 통합되어야 한다.

예를 들어 초등1학년 '가을'이라는 주제교과를 보자. 교과서의 PART1은 '가을 날씨와 생활'이라는 주제를 가지고 가을에 관련된 노래, 가을과 관련된 그림책 이야기, 사람들이 가을에 하는 일, 가을 날씨에 따라 달라지는 생활 모습, 우리 조상들의 풍습, 가을에 서로 협동하며 할 수 있는 활동해 보기, 가을 하늘을 날아다니는 잠자리 만들기 등 주제와 관련된 다양한 영역을 넘나드는 활동을 하고, 교실을 가을 동산처럼 꾸며보는 것으로 마무리한다.

초등 3~4학년군의 통합사회의 '변화하는 촌락'이라는 한 단원을 보면 주제와 연관하여 〈시골 하루〉라는 동시 읽기, 전후좌우의 위치 배우기, 그래프나 도표 읽기, 인공위성으로 마을의 위치 보기, 인터넷을 이용하여 마을의 중심지 알기, 귀농을 어떻게 준비할까, 나침반 읽는 방법, 사회환경과 자연환경 등이 나온다. 그러므로 단순하게 과거의 사회과목으로 생각하면 안 된다. 통합사회는 사회현상을 이해시키기 위하여 국어, 수학, 과학, 역사, 생활, 자연 등의 모든 영역을 구분 없이 등장시켜서 지식을 통합하고 있다.

이처럼 중학년 이상 고학년까지의 통합형 교과를 보면 대표적인 교과 이름은 있으나 교과 안의 내용은 여러 과목을 융합시켜서 학습자로 하여금 지식의 연결고리를 갖게 한다.

그러므로 스팀교육에서는 주제별, 과목별 융합교과를 학습할 때 지식을 따로 분리시키면 곤란하다. 하나의 주제 또는 하나의 학과를 공부하기 위해 영역의 구분 없이 지식을 연결시켜야 하는데, 훈련이 부족한 아이들은 이런 수업이 당황스럽다. 실제로 "선생님, 사회 시간에 왜 수학 공부를 해요?"라고 질문을 하는 학생도 더러 있다고 한다.

우리나라는 대부분의 부모들이 조기교육에 관심이 높아 초등학교 입학 전 아이들의 배경지식은 좋은 편이다. 초등 1학년 입학 시점에 아이들은 약 1.8학년의 수학 실력으로 입학한다는 데이터가 나올 정도다. 이 정도로 높은 학력 수준을 갖고 있으나 아이들의 지식은 따로 분리되어 있다. 많은 지식을 소유하고 있으나 연결성이 부족하여 융합수업에서 활용이 안 되는 비활성 지식만 갖고 있는 셈이다.

모든 지식은 통한다. 서로 연결되지 않고 따로 떨어져 있는 단편적인 지식은 쓸모 없는 지식이다. 지식의 거미줄을 만들어서 지식의 경계를 없애야 하고, 하나의 주제나 과목을 가지고 여러 분야를 넘나들어 학습자만의 지식의 관계성을 만들어내야 한다. 이것이 융합교육에서 쓸모 있는 지식을 만드는 첫걸음이다.

스팀교육은
주제별 통합독서로 통한다

매미는 땅 속에서 일정 기간을 애벌레로 지내다가 땅 위로 나와 성충이 된 다음 2~4주 남짓한 기간을 살다가 번식을 하고 생을 마감한다. 보통 매미는 땅 속에서 1~7년을 애벌레로 지내지만 북아메리카에는 13, 17년 동안 애벌레로 지내는 두 종의 매미가 있다. 이 매미가 이렇게 오랫동안 땅 속에서 지내는 이유는 두 가지라 한다. 첫째는 거미, 사마귀와 같은 천적을 피해 종족을 가급적 많이 번식시키기 위한 것이고, 둘째는 이 두 종의 매미가 한 여름에 동시에 나타나게 되면 먹이 경쟁을 할 수 밖에 없으므로 이를 피하기 위해서라고 한다.

이 단원을 배우면서 다음 연구 과제를 토의하고 해결해 보자.

<연구과제>
13년, 17년 동안 땅 속에서 지내는 두 종류의 매미가 어느 해에 동시에 나타났다면 그 다음에 이 두 종의 매미가 동시에 나타나는 해는 언제일까?

위 문제는 스팀교육의 대표적인 융합형 문제다. 과연 어떤 과목에서 출제된 문제일까?

이 문제는 수학문제다. 이 문제를 해결하기 위해서는 우선 지문을 독해하는 동시에 이야기 속에서 수학적 사고를 해야 한다. 그런데 아이들은 지문이 3~4줄 이상 넘어가면 읽기를 기피한다. 읽어도 무슨 말인지 이해가 가지 않는다고 호소한다. 또는 읽으면서도 앞에 읽었던 내용을 기억하지 못한다. 그러니 지문의 전체 내용 파악은 당연히 불가능하다. 이런 현상은 수학뿐 아니라 모든 과목에서 일어나는 현상이다.

스팀교육의 모든 과목은 이야기 속에서 해당 개념을 이해하도록 유도한다. 즉 스토리의 구조를 이해해야 하고 그 속에 숨어 있는 개념을 찾아내어 문제해결을 해야 한다. 이 능력을 키우는 가장 좋은 도구는 바로 독서다.

융합인재교육과 독서

    독서가 융합사고력을 키우는 좋은 도구가 될 수 있는 이유를 구체적으로 살펴보자.

    첫째, 책에는 항상 상황이 존재한다. 문학이든 비문학이든 저자는 자신의 생각을 독자에게 전달하기 위해 스토리를 이용한다. 곧 독서를 많이 하면 융합수업에서 추구하는 맥락 속에서의 이해도가 높아진다.

    둘째, 책은 매우 논리적인 구조물이다. 스팀형 문제에서는 문제해결을 할 때 자신의 의견과 이를 뒷받침하는 논리적인 근거가 뚜렷해야 한다. 저자는 독자를 설득하기 위해서 객관적이고 타당한 논리적인 근거를 다양하게 제시한다. 이런 논리성이 강한 글을 지속적으로 읽게 되면 아이들은 자신도 모르게 논리적 사고력이 길러지게 된다.

    셋째, 스팀에서는 결과물을 머릿속에 담아두게 하지 않고 서술·논술·구술 등으로 표출하게 한다. 이를 위해서는 다양한 지식이 있어야 하며 그것을 자연스럽고 효과적인 말과 글로 표현하는 연습을 꾸준히 해야 한다. 이처럼 지식과 정보를 습득하는 한편 습득한 지식을 응용하여 자신의 것으로 표현해 내는 가장 좋은 연습 도구는 독서다. 말하기나 글쓰기도 모방에서 시작되므로 책을 많이 읽다 보면 표출하는 능력이 길러질 수밖에 없다. 그런데 가끔 표출 능력을 키워주기 위해 사교육 기관을 찾는 학부모가 있는데, 이는 단기적으로만 효과가 있을 뿐이다. 표출 능력은 몇 번의 기술적인 연습을 통해서 얻을 수 있는 능력이 아니라는 것을 분명히 알아야 한다.

마지막으로 독서는 융합수업에서 요구하는 인성을 길러준다. 융합수업은 모둠을 만들어 동료와 협동을 통해 문제해결을 한다. 이때 서로를 배려해 주고 소통하며 함께 문제를 해결하는 인성이 부족하면 모둠의 원활한 활동이 이루어질 수 없다. 인성은 단기간에 가르친다고 길러질 수 있는 능력은 아니다. 아이들은 먼저 부모의 행동을 보고 흉내 내기로 시작하여 다양한 직·간접체험을 하면서 자신의 가치관을 형성해 간다. 초등 시기에는 특히 가치 있는 고전이나 우리 삶에 영향을 미친 위인의 이야기들을 자주 접하게 하여 타인의 삶을 본받으며 바른 가치관을 세우고 스스로 그 가치를 깨우치도록 도와줘야 한다.

스팀은 주제별 통합독서로

이와 같이 독서는 스팀교육이 지향하는 목표에 효과적으로 다가갈 수 있는 좋은 도구이다. 《독서의 기술》이라는 책의 저자 모티머 J. 애들러는 독서의 수준을 4단계로 분류하고 있다.

1단계는 '초급 독서'로 글을 읽고 단어나 문장의 뜻을 이해하는 단계다. 다수의 아이들이 이 '초급 독서' 수준에 머물러 있으며 일부 학부모들은 이 '초급 독서' 단계에서 아이들이 완벽한 독서를 하고 있다고 생각하는 경향이 있다. 하지만 '초급 독서' 단계는 글자를 읽고 이해한다 하더라도 저자의 생각을 온전히 알아내어 핵심을 파악하기에는 부족하다.

2단계는 '점검 독서'다. '점검 독서'의 목적은 주어진 시간 안에 내용을 될 수 있는 대로 충분히 파악하는 것이다. 어떤 종류의 책인지, 무엇에 대해 쓴 책인지, 어떻게 구성되어 있는지, 어떠한 부분으로 나뉠 수 있는지 등을 검토하는 독서다. 아이들이 책을 읽을 때 가장 놓치기 쉬운 부분이 이 '점검 독서' 단계다. 특히 교과서와 같은 비문학 장르를 읽을 때에는 전체 구성이 한 눈에 보이는 차례를 자세히 살펴 어떤 책인지를 알고 읽어야 한다. 애들러는 훌륭한 독서가조차 이 '점검 독서'의 중요성을 인식하지 못하는 경우가 많다고 했다.

3단계는 '분석 독서'로 철저하게 읽는 것을 말한다. 애들러는 '분석 독서'란 자신의 피가 되고 살이 될 때까지 철저하게 읽는 것이며, 책은 맛보아야 할 책과 삼켜야 할 책, 또 잘 씹어서 소화해야 할 책이 있는데 분석적으로 읽는다는 것은 잘 씹어서 소화시키는 것을 말한다고 했다. 우리가 학습을 위해 읽는 개념서는 바로 이 '분석 독서'가 필요하다.

　가장 고도의 독서 수준인 4단계는 '신토피칼(syntopical) 독서'이다. '신토피칼 독서'는 비교 독서법으로 하나의 주제에 대하여 여러 권의 책을 서로 관련지어 읽는 것을 말한다. 이것은 숙달된 독서가의 수준 높은 독서법이며 읽은 책을 실마리로 하여 관련된 주제를 스스로 발견하고 분석하여 연결성을 가지고 또 다른 책을 선택하는 독서법이다. 이 네 가지 독서단계는 서로 연결되어 있고 결국 4단계인 '신토피칼 독서'를 하기 위해 앞의 세 단계를 훈련하는 것이다. '신토피칼 독서'는 '카테고리(주제)별 독서'라 말할 수 있으며 융합교육에서 필요로 하는 주제별 통합사고력을 기를 수 있는 훌륭한 방법이다.

　신토피칼 독서와 융합교육은 한 가지 주제를 중심으로 타 분야와 연결시키고 확장시킨다는 점에서 공통점을 갖는다. 신토피칼 독서 수준인 주제별 책읽기에 능숙한 아이들은 모든 사물과 현상을 융합해 내는 융합사고력 또한 탁월할 수밖에 없다. 따라서 초등 시기에는 독서를 충분히 하게 하고 더 나아가서 애들러의 4단계 독서 기술을 익힐 수 있도록 이끌어야 한다.

　초등 시기에 형성된 이 독서의 기술은 학령기의 공부력을 만들어 줄 뿐만 아니라 미래 사회를 살아갈 차별화된 도구가 될 것이다.

질문하는 엄마가
질문하는 아이를 만든다

2010년 서울에서 열린 G20 정상회의 마지막 날 버락 오바마 미국 대통령의 폐막 연설에서 웃고 넘기기에는 씁쓸한 해프닝이 하나 발생했다. 연설을 끝낸 오바마 미 대통령은 개최국에 대한 배려로 한국 기자에게 질문권을 주었다. 그러나 그 순간 기자 회견장에는 정적이 흘렀다. 한국 기자 중에 어느 누구도 질문을 하겠다고 나서지 않았기 때문이다. 결국 질문권은 중국 기자에게 넘어갔다. 이 간담회 동영상은 유투브에 오르며 한동안 화제가 되었다.

우리나라 사람들은 대중 모임에서 나서서 질문을 하거나 답변하는 것을 대체로 불편해 하고, 다른 사람의 눈을 의식하며 행동하는 경우가 많다. 이는 어려서부터 질문하기보다는 듣기에만 익숙한 환경에서 자라며 굳어진 습관이라고 할 수 있다.

예를 들어, 엄마는 아침에 등교하는 자녀에게 "학교에 가서 선생님 말씀 잘 들어."라며 듣기를 당부한다. 아이들이 질문을 하면 단답형으로 대답하여 더 이상 질문이 나오지 않게 하거나 더 심하게는 "조용히 해!"라며 아이의 질문을 막는 부모도 있다. 이것은 질문과 대답이 오가야 하는 학교에서도 마찬가지다. 특히 중 · 고등 단계로 올라갈수록 아이들의 질문은 점점 없어지고 교사도 학생들에게 좀처럼 질문을 하지 않는다.

그러나 이제 얌전히 듣고만 있는 것이 미덕인 시대는 지났다. 자신의 의견을 적극적으로 드러내며 다른 사람의 의견도 경청해야 한다. 융합교육의 중심에도 질문과 의견이 존재한다. 융합수업은 교사와 학생, 또는 동료끼리의 토론과 토의로 만들어가는 수업이다. 학교 뿐 아니라 언제 어디서든 남과 다른 의견을 자신 있게 말하기 위해서는 평소에 질문을 주고받는 연습이 필요하다.

유대인의 하부루타를 벤치마킹하라

이러한 변화에 제대로 적응하기 위해서는 가정에서부터 궁금한 것을 스스럼없이 물어보고 자신의 의견을 자유롭게 말할 수 있는 환경을 마련해야 한다. 그러기 위해서 오래 전부터 질문과 대화의 학습법으로 세계적으로 그 우수성을 인정받고 있는 유대인의 하부루타에 대해 관심을 가져 볼 필요가 있다.

하부루타는 '짝을 지어 질문하고 대화하고 더 나아가 토론하고 논쟁하는 것' 또는 '함께 이야기하는 것', '짝과 함께 공부하는 것'으로 정의할 수 있다. 유대인에게 하부루타는 일상생활이나 마찬가지다. 하부루타에서 말하는 '짝'은 부모와 자녀, 친구, 선후배, 낯선 사람, 교사와 학생 등 이야기를 나눌 수 있는 상대라면 누구나 해당된다. 유대인들은 어릴 때부터 질문으로 아이의 호기심을 북돋아 준다. 가정과 학교에서 수시로 토론하면서 서로의 의견을 경청하는 하부루타를 자연스럽게 몸에 익힌다.

《부모라면 유대인처럼 하부루타로 교육하라》의 저자 전성수는 "유대민족의 힘은 질문에서 나왔다. 탈무드 논쟁도 질문으로 시작되고 질문으로 끝난다. 랍비(유대교의 사제)나 교사는 가장 날카롭고 새로운 질문을 하는 학생을 최고로 평가한다. 또는 유대인 학교에서는 그런 학생이 학급의 리더가 된다. 질문에서 스티브 잡스가 나오고 페이스북, 인텔, 스타벅스가 탄생했다."고 말하고 있다. 유대인들은 성공과 창의성도 질문에서 시작한다고 본다. 질문은 사람의 뇌에 가해지는 '전기 쇼크'이며, 질문은 사람의 사고를 자극한다. 질문을 받으면 그 즉시 생각의 뇌가 활동을 시작한다. 이것은 사람의 본능적인 반사작용이다.

그러므로 융합교육에서 중요하게 여기는 사고력과 창의력을 증진시키는 가장 좋은 방법은 '부모의 질문'이라고 해도 과언이 아니다. 유대인 부모는 절대 아이를 강제로 앉혀 놓고 억지로 공부시키지 않는다. 아이에게 뭔가를 가르치고 싶으면 질문을 하고 아이가 스스로 질문에 대한 답을 찾도록 유도한다. 이와 같이 어릴 적부터 습관화된 질문 교육 환경은 유대인들을 언제 어디서나 자유롭게 자신의 의견을 말하는 인재로 만들었고, 전 세계 0.25%의 소수 민족임에도 불구하고 노벨상 전체 수상자의 30%를 배출한 비결이 된 것이다.

좋은 질문은 창의적인 아이로 성장시킨다

질문도 습관이며 질문을 자꾸 하다 보면 좋은 질문으로 발전될 수 있다. 그렇다면 사고력을 증진시킬 수 있는 좋은 질문은 어떤 질문일까? 그것은 '단답형' 혹은 '예, 아니오'식의 폐쇄형 질문이 아니라 아이가 생각을 깊고 넓게 할 수 있는 개방형 질문이다.

명작동화《백설 공주》를 이용하여 아이의 사고를 향상시키는 개방형 질문을 만들어 보자.

1. 백설 공주가 왕비보다 예쁘지 않았다면 어떻게 됐을까?
2. 백설 공주는 원래 착했을까? 왜 그렇게 생각하나?
3. 사냥꾼은 백설 공주를 살려 주고 난 후 기분이 어땠을까? 왜 그렇게 생각하나?
4. 난쟁이들이 백설 공주를 도와주지 않았다면 백설 공주는 어떻게 됐을까?
5. 왕비에게 요술 거울이 없었다면 어떻게 됐을까?
6. 백설 공주가 마녀의 사과를 먹지 않았다면 어떻게 됐을까?
7. 내가 백설 공주였다면 왕비에게 어떻게 했을까?

이처럼 개방형 질문은 사실적인 내용을 아는지 질문하는 것보다는 사실적인 내용 이해를 바탕으로 작가의 의도를 깊게 파악해 보고 작가와 다른 관점으로 이야기를 재해석해 볼 수 있는 기회를 열어준다. 이런 질문과 그 답을 찾아가는 생각의 과정을 통해 자기만의 견해가 만들어지고, 이는 곧 창의적인 생각으로 발전되며, 창의적인 생각은 독창적인 문제해결력으로 연결된다.

가정에서는 이런 동화를 아이와 함께 읽으면서 질문을 통해 자연스럽게 사고를 열어갈 수 있도록 이끌어야 하며, 일상생활에서도 아이와의 대화를 이런 방법으로 꾸준히 해 보는 것이 좋다.

아이와의 일상은 작은 사건의 연속이다. 가정, 학교, 학원 등 아이의 활동 반경에서 일어나는 크고 작은 사건 속에서 지시하고, 가르치고, 훈계하기보다는 올바른 질문으로 아이 스스로 생각하게 하고 주도적으로 문제를 해결하게 하자. "공부 열심히 해."라고 일방적으로 말하는 대신 "공부를 열심히 하면 어떤 점이 좋을까?"라고 질문해 보자. 그러면 아이는 공부에 대해 생각하게 되고 질문에 대한 답을 찾으면서 공부의 필요성을 느끼게 된다. 인간은 누구나 질문에 대한 대답을 하면서 스스로 깨닫는 능력을 가지고 있기 때문이다.

또한 부모의 질문으로 훈련되어 사고가 열려 있는 아이들은 모든 사물과 현상에 대해 '왜'라는 의문과 호기심을 가지는 아이로 성장한다. 부모가 던진 질문에 아이들은 생각의 자극을 받고 또 다른 질문으로 이어간다. 그런 사고 활동을 습관적으로 하는 아이는 모든 것을 단순하게 있는 그대로 받아들이지 않는다. "왜 그렇게 됐을까?", "누가 그렇게 했을까?", "다른 방법은 없을까?", "나라면 어떻게 했을까?" 등 현상이나 문제의 근원을 따지고 문제해결을 위해 수시로 자신에게 질문을 던지는 아이가 되며, 그런 아이는 자신도 모르게 문제에 대한 남다른 시각을 갖게 된다.

우리는 이런 사고를 할 수 있는 아이를 창의적인 아이라고 말한다. 가정에서부터 시작하는 부모의 현명한 질문이 아이를 주도적인 아이, 지혜롭고 창의적인 아이로 자라게 한다.

아이의 관심사에서부터
융합시켜라

채송화는 주위를 둘러 보고나서 기가 팍 죽었다.

자기보다 아름다운 꽃들이 너무도 많았던 것이다.

채송화는 꽃의 요정들에게 사정사정 하였다.

"제발 내 꽃을 바꿔 줘요. 내 꽃은 정말이지 볼품이 없어요."

꽃의 요정은 흔쾌히 채송화의 청을 들어 주었다.

"그래, 어떤 꽃을 원하느냐?"

채송화는 가장 큰 해바라기 꽃을 지목했다. 이내 채송화에게 해바라

기 꽃이 얹어졌다.

채송화의 입에서 비명이 터져 나왔다.

"아이고, 이 꽃은 무거워서 안 되겠어요. 저기 저 나팔꽃을 주세요."

꽃의 요정은 채송화에게 그가 원하는 나팔꽃을 얹어 주었다.

채송화의 입에서 또 다른 불만이 터져 나왔다.

"이건 미친 사람 치맛자락 같군요. 바람이 조금만 불어도 날아갈 것 같아서 불안해요. 저기 저 얌전한 수련 꽃을 주세요." 꽃의 요정은 두 말 않고 수련 꽃을 얹어 주었다.

그러나 채송화의 마음에 안 들기는 이 꽃도 마찬가지였다.

"아니, 왜 이렇게 목이 마르지요? 아, 물에서 사는 꽃이라 그렇군요. 안되겠어요. 당신이 나에게 가장 알맞은 꽃을 정해 주세요."

꽃의 요정은 빙그레 웃으며 채송화 본래의 꽃을 채송화에게 주었다.

"아, 아주 좋아요. 이 꽃하고 영원히 살겠어요. 그런데 언제 한 번 같이 살아본 적이 있는 것 같네요. 무슨 꽃이죠?"

"채송화, 바로 네 꽃이란다."

이 글은 정채봉의 〈나와 나의 꽃〉 전문이다. 이 세상에 화려하고 아름다워 보이는 꽃이 아무리 많을지라도 채송화에게 가장 잘 어울리는 꽃은 자기 자신이었던 것이다.

가끔 채송화 같은 학부모들을 만난다. 자신의 자녀를 옆집 자녀와 비교하며 "옆집 준이는 그림도 잘 그리고, 독후감도 잘 쓰고, 운동도 잘하는데 공부까지 잘해요. 그런데 우리 아이는 뭐 하나 잘 하는 것이 없어요."라며 안타까움을 호소한다. 왜 항상 옆집 아이는 뭐든 잘하는데 우리집 아이는 잘하는 것이 하나도 없을까? 옆집 준이네 옆집 아이는 바로 우리집 아이 아닌가?

차별화된 강점

채송화는 스스로의 약점이 한없이 커보였기에 자신의 강점을 다른 곳에서 찾으려고 애썼다. 그러나 결국 자기 안의 자신 자체가 가장 큰 강점이라는 것을 깨닫게 된다. 부모가 보기에 부족해 보이는 우리 집 아이도 분명 잘 하는 것이 있다. 한 때는 IQ라는 지능지수로 사람의 모든 능력을 평가했었다. 그러나 점차 IQ는 학습과 관련된 인간의 일부 능력만 평가할 뿐 한 사람의 능력 전체를 평가할 수 없다는 주장이 힘을 얻는 추세다.

하버드 대학교 하워드 가드너 교수는 한 사람에게 여러 개의 독립적인 지능이 존재한다고 했다. 그는 지능을 언어지능, 논리수학지능, 음악지능, 신체운동지능, 자연친화지능, 공간지능, 인간친화지능, 자기성찰지능 등 8가지로 나누고 이것을 '다중지능'이라고 했다. 《내 아이의 강점지능》이라는 책에서는 다중지능과 함께 자신과 타인의 감정이나 기분을 정확하게 읽어내고 상황에 맞게 조절하고 관리하는 '정서지능', 개인이 달성하고자 하는 성공에 도달하기 위해서 필요한 창의적인 문제해결력을 갖추는 '성공지능'이 개인의 건강한 삶과 행복을 위해 필요한 능력이라 말했다.

우리는 때로 학교 성적과 전교 등수를 가지고 아이의 모든 것을 평가하고 결정한다. 그러나 좋은 성적과 등수가 인생을 행복하게 해주는 것이 아님을 부모도 알 것이다. 급속하게 변화하는 사회는 복잡한 문제에 대한 다양한 방법의 해결능력을 요구하고 있고, 그런 사회의 적응력을 키워주는 교육 현장에서는 개인의 독창성을 길러주기 위해 노력하고 있다. 엄마가 부러워하는 옆집 아이가 잘 하는 것을 우리집 아이도 똑같이 잘해서는 변별력 있는 문제해결능력과 독창성을 갖추기가 어렵다. 우리집 아이는 옆집 아이와 달라야 한다. 차별성이 무기가 된 세상이다. 결국 내 아이의 흥미와 관심사가 차별성이라는 무기의 원동력이라는 것을 알아야 한다.

'자녀이해지능'이 자녀의 강점을 찾아낸다

이제는 더 이상 옆집 아이가 잘 하는 것은 중요하지 않다. 내 아이의 강점을 찾아야 한다. 최근에 가드너의 다중지능이론과 관련하여 방영된 한 다큐멘터리에서는 자신의 분야에서 성공을 거둔 인물들의 강점을 조사했다. 그 결과 싱어송라이터 Y는 언어지능, 음악지능, 자기이해지능이 높게 나왔고, 유명 디자이너 L은 언어지능, 공간지능, 자기이해지능이, 의학박사 J는 논리수학지능, 자기이해지능, 자연친화지능이, 발레리나 K는 신체운동지능, 대인관계지능, 자기이해지능이 높게 나왔다. 이들이 공통적으로 가진 지능은 '자기이해지능'이다. 이들은 자신의 장점과 흥미를 제대로 이해하고 그 분야의 강점을 살려 결국 성공한 사람들이다.

그런데 여기서 한 가지 알아야 할 점은 이들은 성인이라는 점이다. 성인들은 연령 혹은 경험의 차이가 있지만 대부분 나이를 먹을수록 '자기이해지능'이 높아진다. 그렇다면 반대로 연령이 낮을수록, 경험이 적을수록 '자기이해지능'은 떨어진다고 볼 수 있다. 한참 자신의 강점을 발굴해야 할 시기의 아이들은 우연히 자신의 강점을 찾는 경우도 있지만, 대부분 '자기이해지능'이 부족하여 자신의 강점을 제대로 알지 못한다. 또 아이의 관심사는 수시로 바뀌기 때문에 어떤 것이 자신의 강점인지 제대로 파악하지 못한다.

결국 아이의 흥미와 관심사를 찾아주고 이끌어주는 역할은 부모, 특히 자녀에 대해 가장 잘 알고 있으며 아이를 관찰할 시간이 더 많은 엄마가 해야 한다. 엄마는 자녀의 성격, 기질, 장단점을 파악하고 아이가 어떤 문제에 관심을 갖고 있고, 문제해결을 어떻게 하는지, 어떤 상황 속에서 집중도가 높아지는지 등 자녀와 관계된 모든 상황에서 자녀의 강점을 발견할 수 있어야 한다. 엄마의 자녀이해 지능이 높아야 자녀의 강점을 찾을 수 있다.

아이는 자신의 강점으로부터 융합을 일으킨다

강점 개발은 아이만의 독창성과 자기효능감을 갖게 한다. 그럼에도 불구하고 대부분의 부모는 아이의 강점에 집중하기보다 약점에 집중하는 경향이 있다. 부모는 아이가 잘 하는 것이 있으면 '그것은 원래 잘하니까' 하고 신경을 덜 쓰고, 부족한 것이 있으면 그것을 채워주기 위해서 부단히 노력한다. 하지만 아이에게 못하는 것을 자꾸 하라고 하면 아이는 재미를 못 느끼고 어려워하며 싫증을 내기 마련이다. 그러다 보면 못하는 것과 더 사이가 벌어진다. 악순환이다. 하지만 잘하는 것은 누구나 자꾸 하고 싶고, 자꾸 해도 재미있고 싫증도 나지 않는다. 그러니 실력이 쑥쑥 늘어난다.

그렇다면 잘하는 것을 더 잘하게 기회를 줘야 할까? 아니면 못하는 것을 잘하도록 애써야 할까? 답은 잘하는 것을 더 잘하게 기회를 많이 주어야 한다는 것이다. 이것이 강점 개발이며 이로 인해 아이는 자신이 잘할 수 있다는 자존감과 성취감이 생긴다. 앞에서 말한 성공지능이 생기는 것이다. 자신의 강점을 개발하여 생긴 성공 경험은 결국 자신의 강점에 더 집중하게 하고 자신감을 높일 것이며, 그 자신감은 약점을 보완하게 할 것이다. 예를 들어 자신이 좋아하는 과목은 더 열심히 공부할 것이고 그 과정에서 공부의 비결을 터득한 아이는 부족한 과목까지 잘 하게 될 것이다.

아이의 관심사, 즉 강점을 발굴해 주면 아이는 자발적인 태도로 자신의 강점으로부터 모든 분야의 융합을 일으킬 수 있다. 피겨 스케이팅 선수였던 김연아는 자신의 강점을 바탕으로 여러 가지 분야에서 융합을 일으킨 좋은 사례다. 김연아는 피겨 스케이팅 실력과 함께 춤과 음악을 즐길 줄 알고 연기까지 잘해 차원이 다른 경기를 펼쳤다. 수준급의 노래 실력을 선보이기도 했고, 평창 올림픽 유치와 관련해 남다른 프레젠테이션 능력까지 보여줬다. 하나의 강점으로부터 생긴 자신감이 김연아를 만능 엔터테이너로 성장시킨 것이다.

앞서 다중지능 관련 다큐멘터리에서 소개됐던 네 사람(싱어송라이터, 디자이너, 의사, 발레리나)은 자신이 좋아하는 일을 직업으로 가졌기 때문에 남보다 빠른 성공을 할 수 있었고 더불어 행복한 삶을 살고 있다. 사람은 자신이 좋아하는 일을 할 때 몰입이 빠르고, 그 몰입으로 남이 생각하지 못하는 창의융합적인 발상이 나온다. 따라서 부모는 아이의 강점지능이 무엇인지 찾아주고 자신의 강점에 집중할 수 있도록 이끌어주어야 한다.

생활 속 모든 사물과
현상을 뒤집어라

스티브 잡스는 전화나 문자 정도를 주고받는 도구였던 핸드폰에 새로운 관점을 부여하고 그것으로 우리의 생활 패턴을 바꾸어 놓은 스마트폰의 혁명가이다. 그는 아이폰을 세상에 처음 소개할 때 이렇게 말했다.

"우리는 오늘 세 가지 혁명적인 기기를 여러분에게 선보일 것입니다. 첫째는 화면이 큰 아이팟이고, 둘째는 새로운 휴대폰이며, 마지막 하나는 인터넷을 이용해서 소통할 수 있는 새로운 기기입니다. 그러나 여러분! 놀랍게도 이것은 각각 다른 기기가 아니라 하나의 기기이며 우리는 이것을 아이폰이라고 부를 것입니다."

잡스의 아이폰은 기존에 이미 있었던 상품들의 적절한 조합이었지만, 대중으로 하여금 완전히 새로운 상품으로 인식하게 했다.

스티브 잡스가 핸드폰에 대한 대중의 관점을 바꿔 놓은 것처럼, 지금 사회는 같은 것을 보더라도 새로운 관점으로 재해석할 수 있는 융합형 인재를 원한다. 이런 능력이 바로 현재 우리 아이들에게 필요한 '사물을 창의적으로 재해석하는 능력'이다.

같은 이야기 다른 버전 만들기

'창의적 재해석'이란 우리의 일상을 '다르게 바라보기'에서 시작된다. 우리가 잘 알고 있는 〈개미와 베짱이 이야기〉를 가지고 '다르게 바라보기'란 무엇인지 살펴보자. 이 동화는 부지런하고 열심히 일하는 개미와 빈둥거리며 노래만 하는 게으름뱅이 베짱이 이야기다. 이 이야기의 교훈은 '베짱이처럼 일도 않고 놀기만 하면 결국 가난을 면치 못하니까 부지런한 개미를 본받아야 한다'는 것이다. 이 이야기를 좀 더 현대적인 관점으로 재해석해 보면 새로운 버전의 〈개미와 베짱이 이야기〉를 만들 수 있다.

우선 개미와 베짱이는 각각 다른 강점을 가지고 있다. 개미는 부지런하고 성실한 성향이 강점이고, 베짱이는 노래하는 재능이 강점이다. 그러므로 베짱이는 노래 연습을 많이 하여 자신의 강점을 계속 개발하는 것이 현명한 선택이었다.

게다가 개미가 일할 때 베짱이가 곁에서 기타를 치고 노래를 불러주니까 개미는 조용히 일만 할 때보다 훨씬 신이 나서 일을 했다. 그래서 개미는 일의 능률이 더 좋아졌고 열심히 일한 덕에 양식을 충분히 마련할 수 있었다. 개미는 베짱이의 도움으로 일을 더 수월하게 할 수 있었음을 알고 있었다. 그래서 추운 겨울에 베짱이에게 의식주를 나누어 주었다.

추운 겨울에도 베짱이는 개미네 집에서 쉬지 않고 노래 연습을 했고, 결국 우수한 성적으로 오디션에 합격하여 라이브 가수로 대성공을 했다. 늘 열심히 일하는 개미는 성공한 가수 친구 베짱이의 노래를 들으며 더 신나게 일을 할 수 있었다. 개미는 개미대로 자신의 성실을 무기로 잘 살아갔고 베짱이 역시 자신의 장점을 살려 행복한 삶을 살았다.

이렇게 같은 이야기여도 다른 관점으로 접근해 보면 나만의 〈개미와 베짱이〉 이야기로 재탄생한다. 이렇게 사물을 다양한 관점으로 바라보는 것은 훈련으로 충분히 얻을 수 있는 능력이다.

평소에 독서를 하면서도 이런 능력을 키울 수 있다. 저자의 의도와는 다른 시각으로 읽는 연습을 하다 보면 자신만의 독창적인 생각을 갖게 된다. 특히 초등 시기의 아이들은 상상력이 풍부하고 사고가 유연하므로 전래동화나 명작동화를 자신만의 버전으로 재해석해 보게 하거나 주인공을 바꿔서 이야기를 다시 만들어 보게 하면 아이들도 무척 재미있어 하며 또 효과도 크다. 부모가 옆에서 조금만 거들어 주면 아이는 신이 나서 더 열심히 하게 될 것이다.

또 다른 관점을 키우는 '패러디'와 '모방'

'다르게 바라보기'의 또 다른 좋은 방법은 '패러디'나 '모방'이다. 패러디란 특정 작품의 소재나 작가의 문체를 흉내 내어 익살스럽게 표현하는 방법이나 작품을 말하며, 모방은 따라하기 혹은 흉내 내기다. 창작의 대표적인 소산물인 예술작품에서도 '패러디'나 '모방'은 흔히 볼 수 있으며 이런 '패러디'나 '모방'에도 자신만의 독창성이 존재한다.

레오나르도 다빈치의 걸작품 〈모나리자〉를 패러디한 마르셀 뒤샹의 〈수염 난 모나리자〉를 본 적이 있을 것이다. 다빈치가 타계한지 400주년이 되던 해에 뒤샹은 다빈치의 〈모나리자〉가 인쇄된 엽

서를 사서 '모나리자'에 수염을 그려 넣었다. 뒤샹의 장난 같은 이 사소한 행위는 다빈치를 우상시하던 당시에 큰 반발도 불러일으켰으나 후대 예술가에게 새로운 영감을 주었다. 나중에 뒤샹은 20세기 현대 미술의 혁명가이자 선구자로 불리게 되었다.

예술계에서 창작은 모방을 빼고 말하기가 쉽지 않다. 미술계의 거장 벨라스케스의 〈시녀들〉이란 작품은 여러 후배 화가들이 수 없이 모방을 했고, 입체파의 대표적인 화가 피카소는 평생 〈시녀들〉을 따라 그리며 또 다른 영감을 얻었다고 한다. 이에 대해 피카소의 전기 작가는 "피카소는 자신만의 독자적인 주제는 없다. 그는 다른 화가의 작품에서 주제를 취한다. 그는 다른 사람들이 만들어 놓은 단지와 접시를 장식할 뿐이다. 피카소에게 모방은 창작의 시작이었다."라고 했다.

이처럼 패러디나 모방은 '다르게 바라보기'의 훌륭한 방법이다. 무에서 창조되는 유는 없다. 그러므로 부모는 자녀에게 평소에도 예술가들의 창작 작품을 자주 접하게 하고 탐구와 관찰을 통해 자기만의 새로운 독창성이 나올 수 있도록 기회를 열어줘야 한다.

뒤집어 생각하는 '역발상'

     이번엔 고정관념을 깨고 기존의 틀을 뒤집어 생각하는 '역발상'으로 접근한 두 가지의 사례를 보자.

     첫 번째는 '역발상'으로 성공한 껌 광고다. 우리는 일반적으로 "자기 전에 단 것을 먹으면 충치가 생긴다."라고 자녀교육을 시켰다. 그런데 어느 날 갑자기 "자기 전에 치아를 위해서 껌을 씹으세요."라는 TV 광고가 방송되었다. 이전의 상식을 뒤집는 광고에 사람들은 신선한 느낌을 받으며 '자기 전에 이 껌을 씹으면 충치예방에 좋은가 봐.'라며 관심을 보였고, "치과의사가 추천하는 충치예방 껌"이란 전문가의 소견에 자신의 생각을 바꾸기 시작했다. 그 후로 지금까지 그 광고에 등장 한 껌은 '충치예방', '치아건강'을 대변하는 껌이 되었다.

     또 하나는 아프리카의 탄자니아 동물원 이야기다. 동물원은 사람들이 관람료를 내고 우리에 갇혀 있는 동물들을 구경하러 가는 곳이다. 그러나 탄자니아 동물원은 관객과 동물의 역할을 거꾸로 바꾸었다. 이 동물원은 사람들이 동물 우리 밖에서 우리 안의 동물들을 구경하는 것이 아니고, 동물이 사는 곳으로 차를 타고 들어가서 차 주변으로 다가오는 동물들을 볼 수 있도록 하는 역발상으로 흥행에 성공하였다. 우리나라의 사파리랜드도 탄자니아 동물원을 벤치마킹한 것이다. 이렇듯 일반적인 현상이나 상황을 거꾸로 뒤집어 생각하는 역발상은 사람들에게 신선한 충격을 주며 새로운 효과를 일으킨다.

그림 1. 채소 기르는 사람, 아르침볼도

아이들에게 가끔은 모든 사물을 뒤집어 보게 하자. 〈그림 1〉은 아르침볼도의 〈채소 기르는 사람〉이라는 정물화다. 그런데 제목과 달리 채소바구니에 채소만 가득할 뿐 사람은 온데간데없다. 하지만 잠시 이 책을 거꾸로 돌려 보면 다르게 보일 것이다.

이처럼 '다르게 바라보기'는 남들과 다른 나만의 독창성을 만들어 낼 수 있는 도구다. 같은 것이라도 다르게 생각하고 뒤집어 바라보는 것은 이 시대가 요구하는 능력이고 실력이다. 아이들에게 어른의 고정관념과 편견으로 일상의 단면만 보게 하지 말자. 부모의 사고가 열려 있다면 아이들은 엉뚱한 상상력을 발휘하여 평범한 일상도 입체적으로 바라보며 남다른 생각을 할 수 있다.

학부모가 융합형이면
자녀는 저절로 융합형

거짓말은 나쁘다?

초등 아이들 7명이 모인 그룹에게 '거짓말'을 주제로 자신의 경험과 관련지어 생각나는 대로 이야기를 해 보게 했다. 7명의 아이들은 거짓말이나 속임수에 대해 각자의 경험을 말했으나 결국은 같은 결론에 도달했다.

"거짓말은 나쁘니까 하면 안 된다."

아이들은 하나의 도덕적인 가치관에 입각하여 하나의 관점만을 말했다. 그래서 아이들에게 다른 질문을 해 보았다.

"거짓말 탐지기를 알고 있니?"

"형사가 나오는 드라마에서 들어 본 적 있어요. 범인을 잡을 때 사용해요."

"그럼, 마술 본 적 있니?"

"네. 마술쇼에 엄마랑 간 적 있어요. 그런데 그거 모두 속임수예요."

"그렇구나. 혹시 보호색이라고 들어봤니?"

"아, 수업시간에 배웠어요. 동물들이 적으로부터 자신을 숨기려고 색깔을 바꾸는 거예요."

사실 이 질문들은 모두 거짓말, 속임수에 관련된 질문이다. 아이들은 처음엔 거짓말에 대한 경험을 이야기했고, 그 다음엔 거짓말에 관련된 질문에 답을 했다. 그런데 아이들은 이것들을 연결지어서 이야기하지는 못했다.

이렇게 다양한 속임수(거짓말)의 사례를 알고 있으면서 왜 거짓말은 하면 안 된다는 한 가지 관점으로만 접근하는 걸까? 이것은 부모나 선생님이 "거짓말은 나쁜 것이고, 하면 안 된다."는 한 가지 관점만을 주입시켰기 때문이 아닐까? 그래서 이후에 다른 형태의 속임수 사례를 접해도 그것들을 거짓말과 연결지어 생각하지 못하는 것이다. 게다가 개별적으로 습득한 지식들을 연결시켜서 사고하는 법을 배우지 못해서 거짓말의 다양한 사례를 통합적으로 사고하지 못한다.

거짓말의 다양성을 알게 하라

그럼 앞에서 아이들이 하나의 관점으로 또는 별개로 소유하고 있었던 '거짓말'에 관한 지식을 과학, 예술, 문학, 자연, 사회로 확장하고 연결해 보자.

우선 거짓말을 과학적으로 접근해 보면 사람은 거짓말을 할 때 자기도 모르게 신체의 변화가 일어난다. 사람은 본능적으로 보통 하루에 세 번 정도 거짓말을 하는데 그때 뇌파의 변화가 일어나고 심장박동수가 빨라지며 맥박수도 달라진다고 한다. 이런 신체 변화를 이용하여 개발된 것이 거짓말 탐지기이다.

자연계에는 생존을 위해 속임수를 쓰는 동식물이 많다. 카멜레온은 천적으로부터 자신을 보호하거나 사냥을 위해서 보호색으로 상대방을 속인다. 수국은 꿀도 향기도 없고 암술과 수술도 없는 크고 예쁜 가짜 꽃으로 곤충을 속여 유인한다.

순간의 눈속임으로 사람들을 깜짝 놀라게 하는 마술이나 사람을 더 날씬하게 혹은 뚱뚱하게 보이도록 하는 옷도 착시현상을 이용한 속임수 중 하나다. 오 헨리의 명작 《마지막 잎새》에서는 화가의 속임

《사이언싱 톡톡 - 속일테면 속여 봐!》

수로 죽어가는 환자에게 희망을 갖게 하여 목숨을 살린다.

또 우리는 시장에서 원 플러스 원 제품이나 990원, 9900원 등의 가격 트릭 제품을 흔히 볼 수 있다.

이렇게 거짓말은 우리 생활 전반에 여러 용도로 사용된다. 우리가 세상을 살아갈 때 기본적으로 지켜야 하는 도덕은 거짓말을 하지 말아야 하고 남을 속이면 안 된다는 것이다. 그러나 상황에 따라 거짓말이 필요할 때가 있다. 심지어 마케팅 또는 스포츠 등에서 트릭은 중요한 전략이기도 하다.

만약에 부모가 아이와 거짓말에 대해 대화를 할 때 앞의 사례들처럼 한가지 주제를 여러 영역으로 확장시켜 아이와 대화를 이끈다면 아이는 자연스럽게 거짓말에 대한 다양한 시각을 갖게 될 것이다. 그러나 분과 형태로 교육을 받은 부모 역시 지식의 연결고리가 부족하여 자녀와의 대화도 단편적이고 한 가지 관점으로 접근하는 경우가 많다. 이런 학부모는 지식의 연결과 융합에 대한 필요성을 느끼지 못할 수도 있다.

부모는 산수, 자녀는 수학

교육의 변화가 두드러지게 나타나고 있는 요즘 통합형의 지식을 습득하지 못한 학부모의 고정관념은 수학에서도 다를 바가 없다. 학부모는 초등 시기에 '산수'라는 교과목을 학습했다. '산수'는 1992년에 '수학'이라는 과목으로 이름을 바꿨다. 부모 세대에 학습했던 '산수'는 계산 위주의 정답만을 요구한다. 산업사회에 필요한 능력에 초점을 맞춘 것이다. 그러나 바뀐 초등 통합수학은 계산력보다는 논리적인 사고력을 습득하여 문제해결력을 기르는 것에 초점이 맞춰진 응용 및 실천수학으로 활용면을 강조하고 있다. 하지만 대부분의 학부모들은 자신이 학습했던 과거 방식만 기억하고 자녀들에게 계산 위주의 학습을 반복시키다 보니 아이들은 수학에 흥미가 점점 더 떨어질 수밖에 없다.

다음은 한 자사고의 입학시험 중 수학 구술시험에 출제됐던 문제이다.

· 수학의 아름다움은 무엇인가?
· 원과 접선이 직각으로 만나는 이유는?
· 수학이 실생활에 활용되는 사례를 들어보라.
· 삼각함수에서 호도법 대신 60분법을 쓰는 이유를 설명하라.
· 함수의 정의를 말하라.

이런 유형은 수학의 원리를 묻는 문제들이다. 수학을 공식 위주로 암기했던 학부모들은 이런 '실천수학'에서 원하는 것이 무엇인지 파악하고 자신의 수학에 대한 고정관념에서 벗어나야 한다. 일부 전문가들은 "통합수학에 대한 이해가 부족한 학부모라면 차라리 자녀의 수학 공부를 지도하지 않는 것이 낫다."고 한다. 수학에 대한 부모의 고정관념이 아이에게 그대로 전달되기 때문이다.

부모는 아날로그 시대에 성장하면서 그에 맞는 방식으로 훈련되었다. 그러나 컴퓨터의 대중화와 인터넷의 발달은 디지털 혁명의 시대를 만들었다. 이러한 변화는 돌이킬 수도 없으며 멈출 수도 없다.

디지털은 우리가 일하는 방식, 공부하는 방식, 노는 방식, 친구와 소통하는 방식 등 모든 것을 바꾸어 놓았다. 학교 역시 디지털 혁명의 시대에 맞춰 진화를 거듭하고 있다. 학부모는 과거의 고정관념에서 벗어나 아이들이 살아갈 미래사회를 이해하고 의도적으로 사고를 융합형으로 전환시켜야 한다.

부모가 융합형이면 자녀는 자연스럽게 융합을 생활화하는 융합형 인재로 성장할 수 있다.

들은 것은 잊어버리고, 본 것은 기억하고,
직접 해본 것은 이해한다.

- 공자

교과과정에서
융합형 아이의 그릇을 채워라

수학과 융합

과학과 융합

CT(Computational Thinking)와 융합

지식과 인성의 융합

코딩 교육은 문제를 해결하기 위한 일련의 절차이자

프로그램을 작성하는 기초가 되는 알고리즘을 실현하는 과정을 통해

논리적으로 생각하는 방법을 터득하고,

문제 분석력을 가지고 독창적으로 문제를 해결해 나가는

창의력을 기르도록 하는 것이다.

수학과 융합

어느 날 한 대학의 경영학과 교수가 학생들 앞에서 커다란 항아리를 테이블 위에 올려놓았다. 그리고 주먹만 한 돌들을 항아리에 가득 넣고 학생들에게 질문을 했다.

"이 항아리가 가득찼습니까?"

학생들은 이구동성으로 "네."라고 대답했다. 그러자 그는 자갈 한움큼을 항아리에 넣고 자갈이 잘 들어갈 수 있도록 항아리를 흔들었다. 주먹만한 돌들 사이로 자갈이 가득차자 그는 다시 질문을 했다.

"이 항아리가 가득찼습니까?"

잠시 머뭇거리던 학생들은 "글쎄요."라고 대답했다.

그는 이번에는 모래주머니를 꺼내어 주먹만한 돌과 자갈 사이의 빈틈을 모래로 가득채운 후 질문을 했다.

"이 항아리가 가득찼습니까?"

학생들은 "아니요."라고 대답했고, 교수는 "그렇습니다."라고 말하며 주전자에 든 물을 항아리에 부었다.

그가 학생들에게 "이 실험의 의미가 무엇일까요?"라고 질문을 하자 한 학생이 "사람들이 매우 바빠서 스케줄이 가득찼더라도 노력하면 새로운 일을 그 사이에 추가할 수 있다는 것입니다."라고 대답했다. 그러자 교수는 다음처럼 말했다.

"아닙니다. 이 실험의 의미는 만약 사람들이 큰 돌을 먼저 넣지 않는다면 그 큰 돌은 영원히 넣지 못한다는 것입니다."

이 유명한 일화는 시간 관리와 일의 우선순위에 대해 일깨워 주고 있는 이야기로, 우선순위를 잘못 정하면 정작 중요한 일은 영원히 하지 못하게 된다는 의미의 이야기이다. 시간 관리의 우선순위가 중요하듯이 공부에도 우선순위가 있다.

여러분 자녀는 학습의 우선순위를 어디에 두고 있는가.

공부에도 우선순위가 있다

　　공부는 각자의 목표에 따라 우선순위가 다를 수 있으나 어떤 목표를 갖더라도 기반이 되는 학문이 있다. 그것은 바로 수학이다. 21세기가 요구하는 수학은 국가 경쟁력이라고 표현할 만큼 문제해결력을 키우는 대표적인 과목으로 그 중요성이 강조되고 있다.

대학		국어	수학	영어
고려대		28.6	28.6	28.6
서강대		25	32.5	32.5
서울대		25	30	25
서울시립대		28.6	28.6	28.6
성균관대		30	30	30
연세대		28.6	28.6	28.6
이화여대		25	25	30
중앙대		30	30	30
한양대		25	25	25
홍익대	서울캠퍼스 자율전공	33.3	33.3	33.3
	인문	33.3	33.3	33.3

2016학년도 서울 지역 주요 대학 인문계 수능 국영수 반영 비율
(단위 : %) 자료 : 1318 대학진학연구소 제공

　　새로운 교육을 이끌고 있는 스팀교육에서도 제시된 상황의 문제해결을 위한 기본적인 도구로서 수학의 원리가 중요한 비중을 차지

하고 있다.

표는 2016년 인문계 수능 국 · 영 · 수 반영 비율인데 인문계에서도 수학의 비중이 다른 과목보다 적지 않음을 알 수 있다. 그러므로 문 · 이과의 경계와 상관없이 융합수학의 본질을 이해하고 그에 알맞은 공부 방법을 찾는 것이 중요하다.

스팀 수학은 공식의 암기가 아니다

스팀교육 이전과 달라진 스팀형 수학의 특징을 살펴보면 우선 교과서에 수학의 역사를 등장시킨 점이 눈에 띈다.

그림은 초등 2학년 '세 자리 수'를 배우는 단원으로, 수와 숫자가 생기기 전 잉카문명 사회에서 매듭으로 의사소통을 하고 수를 표현했던 역사적 사실을 다룬 대목이다. 수학에 역사적 배경을 등장시킨 것은 아이들에게 수학의 역사적 배경을 알게 해서 지식의 본질과 발전 과정을 들여다 보도록 하려는 것이다. 이것은 수학이 결과 위주의 학습에서 과정 중심으로 바뀌었다는 것을 말해 준다.

다음으로 융합수학에서 중요하게 다루는 부분은 수학을 타과목과 연결시켜서 문제해결의 다양성을 갖추게 하는 것이다. 통합수학

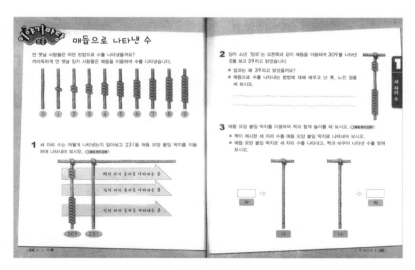

초등 2-1, 수학

교과에서는 국어, 사회, 과학, 역사, 문화, 예술 등 다양한 영역을 등장시키고 시사, 경제 분야까지 수학의 원리와 연결한다. 그러므로 숫자와 기호, 공식으로만 수학에 접근하면 경쟁력을 갖출 수 없다. 다양한 독서를 통해 배경지식의 그물망을 만들고 그 속에서 수학적 원리와 배경지식을 연결하고 응용하는 습관이 필요하다.

마지막으로 스팀 수학교과에서 강조하고 있는 것은 생활과 수학이다. 융합수학은 시험을 잘 보기 위한 이론을 습득하는 것이 목적이 아니다. 수학이라는 도구를 이용하여 문제해결력을 키우고 갈고 닦아 세상에 나갔을 때 창의적인 문제해결력을 갖추게 하는 것이 목표다. 그러므로 통합수학 교과에서는 대부분의 수학적 원리를 생활과 관련지어 제시하고 있다.

예를 들면 알뜰시장 체험활동을 통해 용돈 사용하는 법을 배우거나 주위의 건물을 이용하여 입체도형과 평면도형을 구체적으로 이해하게 한다. 또 2박3일간의 제주도 여행을 가는데 수학적 사고를 이용하여 계획을 세워 보라고 하기도 한다. 스팀 수학에서 생활과 분리된 수학은 반쪽짜리에 불과하다. 그러므로 항상 생활 주변을 수학적 사고로 관찰하고 탐구하는 습관이 필요하다.

스팀 수학을 잘하는 비결

초등 학령기의 수학 기초체력이 얼마나 탄탄한가에 따라 중·고등 시기를 잘 보낼 수 있을지가 결정된다. 어느 학부모는 자녀가 초등학교 1학년인데 수학을 싫어한다고 호소한다. 이런 아이들은 일상에서 구체적으로 접근해야 할 시기에 추상적인 숫자와 기호로 이루어진 문제풀이로 수학을 시작한 경우가 대부분이다. 초등 1~2학년은 "수학이 재밌다." 또는 "수학은 우리 생활이다."라는 편하고 즐거운 인식을 줘야 하는 시기이다. 그런데 뜻도 모르는 추상적인 숫자와 기호로만 접근시키고, 계산을 마치 기술처럼 습득하게 하면 아이들은 수학은 어렵고 지루한 과목이라는 선입견을 가질 수밖에 없다.

또한 처음부터 문제풀이로 접근하는 아이들은 대부분 4학년의 고비를 넘기지 못한다. 학년이 올라갈수록 수학교과의 지문은 많아지고, 수학과 관련 없어 보이는 다른 영역들도 등장하며, 창의적인 생각을 요구하는 문제들이 많아진다. 이런 방식에 익숙치 않은 아이들은 수학을 포기하게 된다. 수학을 포기하게 되면 결국 다른 과목에도 좋지 않은 영향을 주어 전체적으로 학습 능력을 떨어트리는 결과를 가져온다.

아이들이 수학에서 경쟁력을 갖추기 위해서는 문제풀이가 아니라 수학의 본질과 과정을 이해하도록 도와줘야 하며 개념원리를 실질적인 생활 사례 중심으로 습득하도록 해야 한다.

그럼 다음 예시 문제를 통해 스팀 수학에서 요구하는 능력이 무엇인지 구체적으로 알아보자.

(문제 1)
$1 + 2 \times 3 = ?$ 답을 구하시오.

이와 같은 문제는 정답만을 요구하는 과거형이다. 그러나 스팀

수학에서 이런 문제는 아래와 같이 바뀌었다.

〈문제 2〉
$1 + 2 \times 3 = 7$ 입니다. 왜 이런 답이 나왔는지 그 이유를 생활 속 사례
와 연결하여 말하시오.

정답에 초점을 맞추어 공부한 아이는 〈문제 2〉에 제대로 답하기
어렵다. "원래 그러니까."라고 과정을 무시한 답을 하거나, 좀 다른
답변을 하는 아이는 "선생님이 사칙연산에서 곱하기를 먼저 계산하
라고 했다."라고 문제의 본질을 이해하지 못한 답을 한다.

이 문제의 본질은 사칙연산에서 곱하기를 먼저 하는 이유와 원리
를 말할 수 있는가 하는 것이다.

우선 곱하기는 묶음이라는 것을 이해해야 한다. 위 문제에서
2×3의 개념은 2개씩 3묶음을 의미한다. 그러나 앞의 1은 낱개이
다. 묶음과 낱개는 단위가 다르기 때문에 단위를 같게 하기 위해 먼
저 묶음을 풀어서 낱개로 만들어 준 후 앞에 있는 1과 더하게 되는
것이다. 즉 사칙연산에서 곱하기나 나누기를 먼저 하는 것은 묶음을
풀어 낱개로 만드는 단계를 먼저 해야 하기 때문이다.

이 문제의 또 다른 조건은 이 원리를 바탕으로 생활 속 이야기로
풀어내라는 것이다. 아이들은 수학적 원리의 이해를 바탕으로 생활

과 연결 짓고 그것을 이야기로 펼쳐낼 수 있는 스토리텔러의 능력까지 필요한 것이다.

이런 방식으로 학습을 하지 않았던 학부모 입장에서는 스팀수학이 무척 어려워 보일 수 있을 것이다. 그러나 처음부터 이런 형태로 수학을 접한 아이들은 추상적인 숫자와 기호를 이용하여 문제를 푸는 것보다 훨씬 흥미로울 것이며, 이를 통해 원리를 이해한 아이들의 문제해결력 또한 높아질 것이다.

서울교대 수학교육과 교수는 스팀 수학에 대해 이렇게 말했다.

"수학에 창의성이 많이 필요하다. 수학에서 남들이 다 푼 문제를 푸는 것은 소용없다. 남들이 못 푼 문제를 풀어야 하는데, 이것은 상상력과 창의성 없이는 불가능하다."

과학과 융합

과학은 2015개정교육에서 '역사 속 과학탐구, 생활 속 과학탐구, 첨단 과학탐구'를 강조했다. 과학은 수학과 더불어 점차 빠른 속도로 발달하는 디지털 세상의 기반이 되는 학문이다. 그러므로 스팀 과학의 목표도 생활 속 탐구를 통해 과학기술을 이해하고 나아가서 미래 과학을 창조하는 것이다. 특히 과학적 소양과 융합을 중요하게 여기는 과학은 자발적인 탐구 중심의 배움을 지향하므로 어릴 때부터 과학에 대한 호기심과 적극적인 태도를 기를 수 있어야 한다.

최근 교육부에서는 학생들이 수업 전에 집에서 수업 내용을 동영상으로 학습하고 학교 교실에서는 토론과 발표로 수업을 채우는

'거꾸로 교실'을 과학 수업에 적용하겠다고 발표했다. 따라서 학생들은 주도적인 학습 태도를 가지고 과학을 탐구하기 위한 사전 준비가 필요하다.

역사 속 과학탐구

우선 개정교육에서 강조한 '역사 속 과학'의 의미를 탐구해 보자. 과학은 오랫동안 많은 과학자들의 연구와 노력으로 밝혀진 지식 체계이다. 그러므로 과학의 역사는 인간의 역사만큼이나 길다. 그 역사를 거슬러 올라가 보면 오늘날의 과학에 대한 이해가 더 풍부해질 것이다. 그런 점에서 과학의 역사를 안다는 것은 지식의 깊이가 더 깊어진다는 것을 의미한다.

예를 들어 식물이 '광합성'을 한다는 사실적 지식은 누구나 배움을 통해 알 수 있다. 하지만 융합과학에서는 이런 사실적 지식에서 멈추지 않고 이를 기반으로 분석, 적용한 뒤 창의적 지식으로 발전시키는 것을 목적으로 한다. 그러므로 융합과학에서는 지식의 근원이 중요하며 이를 이해하기 위해 과학의 역사에서부터 탐구를 시작한다.

그럼 식물이 광합성을 한다는 사실이 누구로부터 또 어떤 과정을 통해 밝혀졌는지 그 역사를 들여다보자.

아주 오래전에 사람들은 식물이 자라는 데 필요한 모든 것이 흙 속에 들어 있다고 생각했다. 그런데 17세기 중엽 벨기에 내과의사였던 판 헬몬트는 식물이 흙으로부터 무언가를 흡수하여 자란다는 것이 진실인지 밝히기 위해 한 가지 실험을 했다.

그는 90kg의 흙을 오븐에 바짝 구워 물기를 없앤 뒤 화분에 넣고 2.25kg의 어린 버드나무를 심어 물만 주고 키우기 시작했다. 즉 그는 식물이 흙에서 영양분을 얻는다면 나무가 자라면서 흙의 무게가 줄어들 것이고, 흙의 무게가 줄지 않는다면 물을 먹고 자란 것이라고 판단하기로 한 것이다. 실험을 시작한 지 5년 후 그가 확인한 사실은 버드나무의 무게는 75kg이나 늘었지만 흙은 겨우 60g만 줄어들었다는 것이다. 그러므로 그는 버드나무를 자라게 한 것은 흙이 아니라 물이었다고 생각했다.

그 후 영국의 화학자 조셉 프리스틀리는 중요한 실험을 통해 새로운 사실을 밝혀냈다. 그가 발견한 새로운 사실은 촛불을 켜고 촛불 위에 유리 종을 덮어 공기를 차단하면 촛불이 꺼지지만 촛불과 함께 식물을 넣어두면 촛불이 잘 꺼지지 않고 오래 탄다는 것이다. 이 실험으로 프리스틀리는 촛불은 공기를 없애지만 식물은 공기를 만들어 낸다고 생각했다.

그로부터 7년 후 네덜란드 의사였던 얀 잉엔하우스는 프리스틀리와 비슷한 실험을 하여 식물은 햇빛이 비칠 때에만 공기를 만들어 낼 수 있다는 것을 증명하였다.

광합성에 대한 정확한 사실이 알려진 것은 한참 뒤의 일이지만, 이 세 사람의 호기심으로 시작된 실험들이 광합성의 비밀을 밝히는 중요한 기초가 된 것이다.

현재까지 밝혀진 과학적 현상이나 작용의 원리 뒤에는 이와 같이 누군가의 호기심에서 시작되어 그것을 밝혀내려고 노력한 사람들의 의지의 역사가 있다. 때문에 아이들이 과학을 공부할 때 이런 지식의 발전 과정에 관심을 갖는다면, 광합성의 개념을 의도적으로 암기하지 않아도 자연스럽게 이해하게 될 것이다. 이런 과정을 충분히 이해하며 습득한 지식은 훨씬 기억하기 쉽고 개념을 깊이 이해할 수 있다. 따라서 심화 단계로 나아갈 때 응용력이 좋아질 수밖에 없다.

생활 속 과학 탐구

스팀 개정과학은 아이들에게 과학의 원리를 좀 더 현실적으로 접근시키기 위해 생활 속 사례 중심으로 교과서를 구성했다.

다음은 생활과 연계하여 과학 탐구를 하도록 구성해 놓은 교과서의 한 부분이다.

그림 1. 5-1 과학교과, 생활 속의 온도계

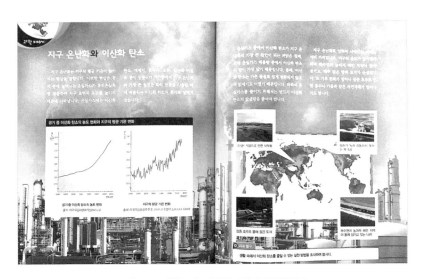

그림2. 6-1 과학교과, 지구온난화와 이산화탄소

융합을 알아야
자녀 공부법이 보인다

그림 1. 〔과학탐구〕
일상생활에서 사용하는 온도계를 조사하여 봅시다.

그림 2. 〔과학탐구〕
생활 속에서 이산화탄소를 줄일 수 있는 방법을 조사하여 봅시다.

이처럼 융합과학은 생활과 과학이 밀접하게 연결되어 있음을 강조하고 있다. 더불어 과학을 배우는 과정도 관찰, 탐구나 토론, 토의 형태이기 때문에 평가도 아이들의 사고 과정을 평가하거나 과학적 개념이 생활에서 응용된 사례를 찾아보라는 방식으로 바뀌었다.

다음 예시 문제를 살펴보자.

문제 1
기체의 특징과 성질을 이용한 생활 속 사례를 찾아보고 그 개념의 근거를 쓰시오.

이 문제는 기체의 특징과 성질을 이해하고 있는지 평가하는 문제인데 직접적인 답을 요구하지 않고 생활과 연관지어 사례를 찾고 근거를 쓰라고 했다. 과거처럼 주입식으로 지식을 가르친 후 개념을 직접적으로 묻는 형태라면 암기로도 충분하지만 이런 개념의 응용이 필요한 문제에서는 지식을 암기하는 것으로는 한계가 있다.

그럼 이 예시 문제에 대한 생활 속 사례를 함께 찾아보자.

자유롭게 모양이 변할 수 있는 성질을 이용한 다양한 모양의 풍선이나 기체의 부피가 줄었다가 다시 늘어나는 성질을 이용한 농구화 바닥에 넣는 에어쿠션 또는 자동차에 달린 에어백 등이 있다. 또한 기체는 가볍기 때문에 다른 상태의 물질보다 빠르게 움직일 수 있는 특징이 있다. 이런 성질의 기체가 매우 빠르게 이동하면 태풍이나 대형 소용돌이 바람인 토네이도를 만들어 내기도 한다.

이처럼 과학적 개념이 응용된 생활 속 사례는 개념의 본질에 대해 충분히 이해해야 다양한 사례를 발견할 수 있는 것이다. 결국 개념의 완전한 이해가 과학 공부의 기본이며 비결이라 할 수 있다.

첨단 과학 탐구

현대 과학은 첨단 과학기술과 결합되어 빠른 진화를 거듭하고 있다. 그러므로 과학교육은 시대의 빠른 변화를 적용하여 첨단 과학과 연결된 학습을 진행할 필요가 있다. 예를 들어 과학 수업에서 질병의 원인과 증상 등 질병을 진단하는 방법을 배울 때, 첨단 과학기술과 연결된 첨단영상진단장치·건강검진장치의 원리, 혈액 검사 등 화학적 진단의 원리 등을 이해해야 하며 첨단 과학기술을 이용하여 암을 진단하거나 치료하는 것에 대해서도 다루어야 한다.

최근에 경기도 소재 한국외국인학교에서는 미국 매사추세츠 공과대학(MIT)과 협력하여 컴퓨터 프로그래밍과 전자회로 구성, 로봇 및 모형 비행기 조립 등 첨단 과학기술에 관한 수업을 진행했다. 이처럼 국내에서도 점차 첨단 과학 수업이 여러 형태로 진행되고 있고 교사들도 기존 과학 수업에 첨단 과학기술을 접목하려는 시도를 하고 있다.

과학은 머물러 있는 학문이 아니기 때문에 부모나 교사들은 학생들이 과학을 배울 때 현재까지 연구된 첨단 과학기술을 바탕으로 미래 과학을 예측하여 새로운 창조를 할 수 있도록 이끌어야 한다. 이제는 기술력만으로 국가 경쟁력을 가질 수 없으며, 새로운 첨단 과학 현상을 발견해야만 경쟁력을 가질 수 있다.

이에 따라 최근 교육부는 과학영역에서 학생들이 제품이나 서비스를 구상하고 실제로 개발해 보는 '메이커 활동'과 '스스로 과학 동아리'를 매년 천 개씩 늘리기로 했다. 교육부는 '스스로 과학 동아리'

를 통해 실제 과학적 아이디어를 구현하는 프로젝트형의 창작·제작 교육을 지원한다는 계획이다. 과학실도 사물인터넷, 빅데이터, 가상체험 등 첨단 과학 실험뿐 아니라 과학과 다른 과목을 융합하는 교육을 할 수 있는 창의융합형 과학실로 개선할 것이라고 했다.

21세기 과학의 핵심 역량은 창의력과 상상력이다. 학교는 이런 역량을 가진 인재를 키우기 위해 수업 방식을 혁신해야 하며, 미래 과학을 상상하고 발견할 수 있는 창의적인 공간이 되어야 한다.

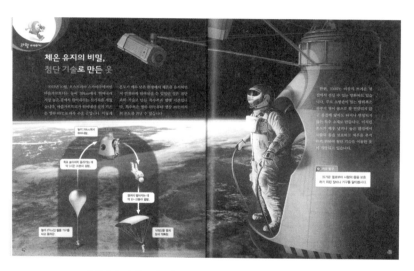

초등 5-1 과학교과. 체온 유지의 비밀, 첨단 기술로 만든 옷

CT(Computational Thinking)와 융합

얼마 전 고등학생 다섯 명이 모여서 학생들의 욕설이나 비속어 사용을 줄일 수 있는 애플리케이션을 개발한 사례가 있다. 〈바른말 사용하기〉라는 앱을 개발한 이 고등학생들은 "주변 친구들이 욕설이나 비속어를 생각 없이 무분별하게 사용한다는 생각이 들었고, 이런 문제를 어른이 아닌 같은 청소년이 해결하면 어떨까라는 생각에서 출발했다."고 한다. 이 앱을 다운 받아 설치하면 메시지를 주고받을 때 욕설이나 비속어 대신 재미있는 이모티콘이나 순화된 언어로 바뀌어, 사용자들이 바뀐 표현을 보며 자신들이 욕설이나 비속어를 얼마나 많이 사용하고 있는지를 깨닫게 된다.

이는 학생들이 생활 속에서 자발적으로 문제의식을 느끼고 그것을 해결하기 위해 컴퓨팅 사고(CT)를 통해 창의적으로 소프트웨어를 개발한 좋은 사례다.

CT를 갖춘 창의융합인재

정부는 지난 2014년 'SW(소프트웨어)교육 활성화 방안'을 발표하고 2018년부터 초·중·고에서 SW코딩교육을 의무화하기로 했다. SW교육은 '컴퓨팅 사고력(CT)을 갖춘 창의융합형 인재'를 양성하는 것을 목표로 하고 있다. 여기서 말하는 '컴퓨팅 사고력'이란 '컴퓨팅의 기본적인 개념과 원리를 기반으로 문제를 창의적으로 해결할 수 있는 사고능력'을 의미한다.

이에 대부분 학부모들은 갑자기 나타난 코딩(coding) 열풍 속에서 코딩이 무엇인지, 자녀에게 어떤 코딩 교육이 필요한지 혼란스럽다. 코딩 교육 전문가의 말을 들어보면 "코딩은 컴퓨터 언어를 이용해 프로그램을 만드는 것이다. 그러나 아이들에게 코딩 교육을 하는 이유는 단순히 프로그램을 만드는 방법을 알려주는 것이 아니라 자신의 생각을 컴퓨터 언어를 통해 표현하는 방법을 배우는 것이다."라고 한다. 이처럼 코딩 교육의 목적은 단순히 프로그램을 만드는 기술의 습득이 아니다. '컴퓨터 언어'라는 새로운 언어를 배워 미래 사회가 요구하는 표현 방법을 익히는 것이다.

　앞으로 아이들이 살아갈 미래 사회는 사물 인터넷, 빅데이터, 인공지능 컴퓨터, 로봇 등 소프트웨어를 능숙하게 다루는 능력이 필수인 사회가 될 것이다. 그러므로 아이들이 코딩에 관심을 가질 수 있도록 어려서부터 자연스럽게 접근시켜서 컴퓨팅 사고와 소프트웨어 개발 인자를 길러야 한다. 그러나 SW나 코딩에만 매몰된 교육으로 가면 안 된다고 전문가들은 지적한다. SW교육은 정답을 찾는 교육이 아니기 때문에 아이들 스스로 생각하도록 하고 생각의 방법을 바꿔주는 것에 초점을 두고 교육을 해야 한다고 강조하고 있다.

SW교육 왜 해야 할까?

　우리나라의 코딩 교육은 시범 선도학교를 통해 이제 막 출발했으나 영국, 이스라엘, 덴마크 등 선진국들은 이미 초등학교 때부터 코딩을 가르칠 만큼 코딩 교육을 중요시하고 있다. IT산업의 중요성을 일찍이 깨달은 미국에서도 코딩 교육에 관심이 뜨겁다.

　버락 오바마 대통령은 "게임을 다운 받아서 하는 것에 그치지 말고 직접 만들어 보십시오. 코딩을 배우는 것은 여러분의 미래는 물론 조국의 미래에도 매우 중요합니다."라고 말했다. 구글 등의 IT기업들에서는 SW에 능통한 인재들이 관리직을 맡는 등 세계적으로 코딩교육의 중요성을 강조하고 있는 추세다. 그렇다면 SW코딩 교육이 아이들에게 어떤 역량을 길러줄 수 있는지 알아보자.

가장 중요한 것은 코딩 교육이 21세기의 핵심 역량인 창의성을 길러준다는 것이다. 코딩 교육은 문제를 해결하기 위한 일련의 절차이자 프로그램을 작성하는 기초가 되는 알고리즘을 실현하는 과정을 통해 논리적으로 생각하는 방법을 터득하고, 문제 분석력을 가지고 독창적으로 문제를 해결해 나가는 창의력을 기르도록 하는 것이다.

지식의 증가 속도가 점점 빨라지고 있는 세상에서 교사가 정해진 지식만을 가르쳐 주는 것은 점점 유효성이 떨어지고 있다. 즉 학교는 물고기를 잡는 방법을 가르쳐 주고 이것을 통해 학생 스스로 실효성 있는 방법을 찾아 나갈 수 있도록 길을 열어 줘야 한다. 그런 의미에서 코딩 교육은 아이들의 창의력을 개발하는 동시에 코딩에 특기와 적성이 있는 아이들의 소질을 찾을 수 있는 기회가 될 수 있다.

다음으로 코딩 교육은 프로세스 기획 및 실행 능력을 키울 수 있다. 이 프로세스 기획 및 실행 능력은 일상과 사회생활에서도 매우 중요한 능력이며 어느 상황에서나 적용이 가능한 능력이다. 프로세스 기획 및 실행 능력이란 어떤 새로운 것을 기획할 때 그 일에 대한 필요성 분석과 효율과 효과를 고려한 실행 전략 찾기, 신속한 실행 능력, 결과 평가에 이르기까지의 전 과정을 설계하는 능력으로 단계별로 정확한 판단력과 추진력이 필요하다. 또 그 과정에서 문제가 생길 경우 문제에 대한 빠른 인식과 문제를 바라보는 정확한 관점, 상황에 맞는 대처 능력 등을 포함한 종합적인 문제해결 능력을 말한다. 그래서 코딩 교육은 컴퓨팅 사고력을 바탕으로 한 창의력과 종합적인 기획력을 기를 수 있는 중요한 도구로 떠오르고 있는 것이다.

친구들과 함께 게임을 만들어요

서울의 한 초등학교에서는 4~6학년 코딩 교육을 실시하고 있다. 이 학교의 코딩 교육은 총 16주차로 일주일에 한 번 2시간씩 스크래치(교육용 프로그래밍 플랫폼) 프로그램을 배우며 실습하고 응용하는 '학습-심화-응용'의 단계로 진행된다. 삼성전자의 IT전문가와 교사들의 협업으로 교재를 개발해 수업을 하는데, 만화처럼 이해하기 쉬운 그림으로 구성되어 있어 처음 컴퓨터를 접하는 학생들도 재밌게 배운다고 한다.

방과 후 교실로 운영 중인 이 수업은 엄마의 제안으로 수업에 참여한 아이, 게임을 하고 싶어서 온 아이, 컴퓨터 전문가가 꿈인 아이, 변호사가 꿈인 아이 등 다양한 아이들이 모여 있다. 하지만 일방적인 주입식 교육이 아니라 아이들이 직접 주도하면서 문제를 해결해 나가는 수업이라 2시간 수업임에도 지루해 하는 아이가 없고 때로는 아이들의 상상력에 교사가 놀랄 때가 많다고 한다.

게임 만들기 미션이 주어진 10주차 수업에 아이들은 모둠을 만들어 자신들의 생각을 그림으로 그리기 시작한다. 도둑을 잡는 탐정게임, 선에 닿지 않고 문을 찾는 미로게임, 움직이는 물고기에 닿지 않는 게임 등을 만들기 위해 모둠원들은 각자 넣고 싶은 그림과 게임 조건 등을 이야기하며 스토리 보드를 완성하여 발표한다. 그런 후 교사와 친구들의 조언을 참고해 스토리 보드를 수정한 다음 본격적으로 스크래치 프로그램을 사용한다. 프로그램의 사용도 책을 보고 따라하는 것이 아니라 친구들과 토론을 하며 모르는 것은 교사에게 도움을 청하면서 직접 작동을 하면서 원리를 터득해 나간다.

이 수업의 담당 교사는 "아이들의 습득 속도가 놀라울 정도예요. 처음에는 컴퓨터 언어라고 해서 아이들이 어렵게 느낄까 봐 걱정했는데 지금은 저보다 훨씬 잘해요."라고 한다. 수업에 참가하고 있는 한 5학년 학생도 "학기 초 가정통신문을 보고 스크래치 프로그램을 알게 되었는데 직접 게임을 만들고 싶어서 신청했어요. 친구들과 같이 토론하면서 할 수 있어서 더 재미있어요."라고 한다. 코딩교육은 실질적인 도구를 사용한 체험 위주의 교육이기 때문에 아이들의 참여도와 흥미도가 매우 높다.

디지털 시대에 태어나서 디지털 환경에 익숙한 아이들에게는 이에 적합한 교육의 도구와 학습 환경이 필요하다. 아날로그와 디지털 시대를 걸쳐 사는 부모로서는 이런 변화가 마냥 반갑지만은 않을 것이다. 아직 가치관이 확립되지 않은 아이들이 컴퓨터나 스마트폰에 무분별하게 노출되어 부정적인 영향을 받지 않을까 걱정하는 것은 당연하다. 그러나 세상의 변화 또한 거스를 수 없는 현실이다. 디지털 도구의 부정적인 요소와 긍정적인 요소를 잘 조절해 주는 부모의 지혜가 필요한 시점이다.

지식과 인성의 융합

모 기업의 전무였던 아버지는 아들의 절박한 상황을 알지 못했다. 그의 아들은 가끔 상처가 나서 집에 들어오거나 안경이 부러져서 들어온 적이 있었으나 아버지는 자신의 아들이 학교폭력에 시달리고 있다고는 상상조차 못했다. 그러던 어느 날 해외 출장을 나가는 아침에 의기소침해 있는 아들의 어깨를 툭 치며 "사내자식이 어깨 좀 펴고 다녀라."고 얘기했는데 그날 아들은 자살을 했다. 그런데 아버지를 더욱 기막히게 한 것은 영안실에 방문한 학교폭력 주범들이 "에이 ○○, 애 죽어가지고 나만 ○됐네."라는 말이었다. 그 후로 그는 회사를 그만두고 전 재산을 털어서 '청소년폭력 예방재단'

을 설립했다.

자녀를 키우는 부모로서 이런 이야기를 전해 듣기만 해도 마음이 아프고 안타깝고 답답하다. 학교폭력뿐 아니라 자녀 학대, 청소년 범죄, 묻지마 살인, 노인 학대 등이 최근 사회문제로 자주 대두되고 있다. 이런 문제는 이제 개인과 가정을 떠나 사회문제로 확대되었으며, 그 책임과 예방 또한 가정뿐 아니라 사회적 차원에서 진행해야 하는 시점에 이르렀다.

인성도 적극적인 교육이 필요하다

인성의 중요성이 대두된 것은 어제오늘의 일은 아니다. 사람들이 사회를 이루어 살아가는 곳에서 인성은 구성원들의 필수 덕목 중 하나다. 그런데 사회가 점점 복잡해지고 불안정해지면서 사람 간에 당연했던 도덕이 사라지고 있다.

가정에서는 맞벌이가 늘어나면서 아이와 대면하는 시간이 갈수록 줄어들고 있다. 전인교육을 지향해야 하는 학교는 지식만 전달하는 공간으로 바뀌어 그 역할을 제대로 하지 못하고 있다. 초 · 중 · 고교는 내신 성적과 입시 준비에 매몰돼 있고, 대학은 취업을 준비하기 위해 스펙을 쌓는 장소가 되었다. 이런 사회의 변화는 이전과는 다른 양상의 문제를 일으키는 요인이 되고 있다.

학교폭력과 왕따, 자살, 군대 총기난사, 사소한 시비로 인한 충동적 살인 등과 관련된 사람들의 인성검사를 한 결과 정서적으로 문제가 있다는 결론이 나왔다. 그러므로 이런 문제의 해결을 위해서는 가정, 지역사회, 학교, 정부 모두가 적극적으로 인성교육 강화에 나서야 한다. 최근 초 · 중 · 고교 학생을 대상으로 조사한 자료에서도 학생들에게 가장 시급한 교육은 창의성이나 진로교육이 아니라 인성교육이라고 밝혀졌다.

'인성을 바꾸는 것이 과연 교육으로 가능할까?'라는 의문을 갖는 사람도 일부 있겠지만 최근 교육부로부터 인성교육 시범학교로 지정된 학교의 사례를 살펴보면 인성교육이 매우 효과적임을 이해할 수 있을 것이다.

대구의 한 초등학교에서는 '마음 빛 찾기'라는 주제로 인성교육을 펼치고 있다. 인성교육을 위해 게시판이나 칠판, 복도, 화장실 등 곳곳에 인성에 관한 게시물이나 명언을 써서 붙이고 책자를 마련하는 등 학교 환경을 인성의 장으로 바꾸었다. 또 학교 텃밭에는 생명 존중과 배려를 뜻하는 다양한 동식물 공간을 조성하여 아이들의 마음을 밝게 하도록 노력하고 있다.

더불어 30여 명의 학부모가 모여 만든 '마음 빛'이라는 모임에서는 '샌드위치 만들기', '가족 동화 읽고 종이 부채 만들기', '로봇모형 만들기' 등으로 학부모 참여활동을 하고 있다. 이렇게 인성을 키우는 환경 제공과 관련 활동을 지속적으로 한 결과 학생들의 인성 핵심요인 검사에서 봉사와 나눔, 배려 부분 등에서 긍정적인 요인이 크게 늘었다고 한다.

또 다른 중학교에서는 '온실효과로 파괴되는 지구 살리기 운동', '친구를 배려하고 서로 조율해 나가는 음악', '발을 맞대고 손을 맞잡고 지그재그 달리기 대회' 등의 다양한 주제로 학습과 인성을 융합시키고 있다. 이런 주제들의 테마는 '나눔, 배려, 소통'이다. 이를 중심으로 여러 과목을 연결하여 체험과 협동학습, 토론수업, 프로젝트 학습 등으로 맞춤형 수업을 하고 있다.

이 밖에도 '함께 텃밭 가꾸기'를 하거나 '교사와 학생 간의 소통 늘리기'라는 테마로 교사와 학생이 손바닥을 마주쳐 아침 인사를 하거나 시험기간에 교사가 학생들에게 초콜릿을 나눠주는 등 학생과 교사의 벽을 허물고 친밀감을 높이기 위한 노력을 기울이고 있다.

이 학교의 교장은 "인성교육을 하고 나서 아이들의 인사성도 밝아지고 활발해졌다. 단기적으로는 눈에 보이는 효과가 없을지도 모르지만 장기적으로는 아이들의 저변에 있는 능력을 끌어 올리는 데 도움이 될 것이다."라며 인성교육의 필요성을 강조했다.

인성도 실력이다

인성교육은 스팀교육과도 밀접한 관계가 있다. 현재 공교육의 중심에 있는 스팀교육은 프로젝트를 기반으로 한 PBL(Project Based Learning) 수업방식 또는 거꾸로 교실(flipped learning)과 같은 학생 주도형 수업임을 앞에서 언급했다. 이런 형태의 수업에서는 학생들 간의 토론·토의, 발표·평가로까지 이어지기 때문에 협업능력, 소통 능력, 배려·경청 능력 같은 인성이 매우 중요하다. 그래야 수업에서 동료, 교사와 하나가 되어 한 방향으로 문제를 해결해 나갈 수 있다. 이러한 융합교육의 기반이 되는 인성은 학교뿐 아니라 사회생활과도 긴밀하게 연결되어 있다.

그러므로 대학 입시에서도 성적만 우수한 학생보다는 인성을 겸비한 인재를 뽑기 위해 여러 가지 전형을 내세우고 있다. 그 예로 서울대 의학전문대학원은 신입생 면접에 인성을 체크하는 '다중 미니 면접'을 도입했다. 이는 환자와 의사소통을 원활히 하고 신뢰를 형성할 수 있는 학생을 선별하기 위해서다. '다중 미니 면접'에서 학생들은 한 방에 8분씩 10개의 방을 돌며 면접을 보는 동안 의사소통, 정직, 약자 배려, 리더십, 의료에 대한 헌신 능력 등을 보여줘야 한다.

또 이화여대에서는 사실 확인 중심으로 진행되던 면접 방식에서 벗어나 가상 상황을 설정하고 그 상황에 대한 학생들의 즉각적인 판단 및 반응을 알아보는 '상황 면접 방식'을 도입했다. 이를 통해 학생들의 인성, 상황 판단 및 대응력을 종합적으로 평가하겠다는 것이다. 이 외 각 대학들은 학생들의 인성을 평가하기 위해 자기소개서 같은 서류 및 면접 평가의 비중을 늘려가고 있으며 인성 평가를 위해 1박2일 합숙 면접을 실시하는 대학도 있다. 이러한 면접 방식은 일시적인 준비로 가능한 것이 아니며 평소에 올바른 가치관과 생활 태도를 갖고 있는 학생들이 유리하다고 볼 수 있다.

인성은 부모로부터 시작된다

이처럼 인성을 실력으로 보여줘야 하는 세상에서 아이들의 바른 인성 교육을 위해서는 부모가 먼저 모범을 보이면서 유아 시기부터 성장기에 꾸준히 인성을 강조해야 한다. 인성교육 전문가는 인성교육에 적합한 시기가 따로 있는 것은 아니지만 모방심리가 강한 어린나이일수록 효과가 높다고 한다. 유·초등 시기는 자신의 감정을 타인에게 어떻게 표현하며 타인과 어떤 관계를 맺고 자신의 감정을 부모 및 타인이 어떻게 대해 주는지가 평생에 걸친 인성 형성에 중요한 영향을 미친다고 한다.

유·초등 아이들의 바른 인성교육을 위해 인성교육 전문가 유영숙 박사의 다음과 같은 조언에 경청을 해 보자.

- 말보다 스킨십을 많이 해준다.
- 자존감을 세워주는 말을 해준다.
- 성취보다 성품을 칭찬한다.
- 엉뚱한 질문을 해도 당황하지 않는다.
- 칭찬과 격려를 많이 해 준다.
- 강요보다 동기 유발을 할 수 있도록 대화한다.
- 부부의 화목이 우선이다.
- 일관성 있게 말한다.
- 다른 아이와 비교하지 않는다.
- 긍정적인 피드백을 많이 한다.

대부분 알고 있는 내용이지만 일상에서 아이와 함께 실천하는 부모가 결국 자녀를 바른 인재로 만드는 것이다. 세상에 진정으로 필요한 인재는 올바른 인성과 가치관을 기본으로 갖추고 다양한 지식을 이용해서 새로운 생각을 할 줄 아는 사람 즉, 인성과 창의성의 조화를 이룬 사람이다.

융합형 인재는 대체 불가능하다

얼마 전 프로바둑기사 이세돌과 인공지능 컴퓨터 바둑 프로그램 알파고(AlphaGo)의 공개 대국이 전 세계의 뜨거운 관심을 받았다. 많은 사람들의 예상을 깨고 4승 1패로 승리한 알파고는 현존 최고의 인공지능으로 등극하며 세계를 깜짝 놀라게 했다.

알파고의 승리 비결은 대량으로 축적된 정보, 스스로 학습하는 능력, 이를 바탕으로 최적의 수를 찾아내는 능력이었다. 인공지능 컴퓨터 알파고는 입력된 정보로 쉬지 않고 바둑을 두며 스스로 학습을 한다. 알파고를 개발한 구글 딥마인드의 연구총괄 데이비드 실버는 "알파고는 1,000년에 해당하는 시간만큼 바둑을 학습했다."고 발표했다. 이런 초인적인 학습 능력과 정보 분석기술은 알파고가 AI 로봇이기에 가능한 것이며, 앞으로 인공지능 알파고의 활용 분야는 무궁무진할 것이다.

또 다른 친구, 로봇

일본의 한 양로원에는 '파로라'라는 바다표범 모양의 로봇이 있다. 파로라는 쓰다듬어 주거나 때리거나 또는 누르면 각기 다른 반응을 보인다. 또 감정표현도 할 수 있어 노인들의 사랑을 독차지하며 친구 역할까지 하고 있다고 한다. 이름을 부르면 소리가 난 쪽을 향해 고개를 돌리거나 안아주면 스르르 눈을 감고 잠을 자기도 한다. 이는 로봇 안의 센서가 접촉 강도를 파악해 그에 맞는 행동과 표현을 하는 것이다.

양로원의 노인들은 파로라를 마치 살아있는 동물을 대하듯 하고, 외로움과 우울증에 빠진 노인들은 파로라를 통해서 심리치료 효과도 거두고 있다고 양로원 측은 밝혔다. 그래서 이 로봇은 세계 최초 치료용 로봇으로 기네스북에 등재되었다.

이렇듯 가까운 미래에 인공지능과 로봇은 때로는 편리함으로, 때로는 외로움을 달래주는 친구로 우리와 함께 삶을 공유하게 될 것이다. 이런 인공지능의 빠른 진화는 인간에게 생활의 여유로움을 주지만 인간의 역할에 대한 고민도 동시에 던져주고 있다.

특히 어린 자녀를 두고 있는 부모 입장에서는 아이의 진로와 관련해서 고민이 크지 않을 수가 없을 것이다. 내 자녀의 자리를 인공지능이 대체할 수도 있기 때문이다. 그렇다면 미래에 우리 아이들은 어떤 능력을 키워서 대체 불가능한 존재로 살아남을 수 있을까? 인공지능이 할 수 없는 것은 무엇일까? 이런 고민은 나중에 천천히 해도 되는 그런 고민이 아니다. 코앞에 닥친 현실이며, 우리는 학부모로서 이 점을 진지하게 고민해야 하며 자녀를 현명하게 이끌어야 한다.

융합사고력은 인간 고유의 능력이다

알파고를 개발하여 '알파고 아빠'라고 불리는 데미스 하사비스는 어릴 때 체스 신동이었다. 좀 더 커서는 게임에 빠져들었고, 불과 16세의 나이에 세계적으로 흥행했던 시뮬레이션 게임 '테마파크'를 개발했다. 그 후 대학에 들어가 컴퓨터 공학을 전공한 뒤 뇌과학 박사학위까지 취득하였다. 체스, 게임, 컴퓨터, 뇌과학을 섭렵한 그는 마침내 인공지능기술 회사인 '딥마인드'를 설립하여 알파고를 탄생시켰다.

하사비스가 알파고를 탄생시킨 비결은 지식을 많이 습득했기 때문이 아니다. 그는 자신이 좋아하는 것을 즐길 줄 알았고, 자신이 가진 강점을 이용하여 다양한 분야를 연결시키고 융합할 줄 알았다. 곧, 하사비스는 지금 이 시대가 원하는 창의적인 융합형인재이다.

하사비스가 알파고를 만들어내는 과정에서 보여준 융합사고력은 인간 고유의 능력이며 알파고 같은 인공지능이 결코 할 수 없는 영역이다. 미래에 살아남으려면 다양한 분야를 넘나들며 융합할 수 있는 능력을 가진 자가 되어야 한다.

이 책을 통해서 여러분은 우리 자녀가 무엇으로도 대체할 수 없는 능력을 키우기 위해 지금부터 해야 할 일이 무엇인지 다시 생각해 볼 기회를 가졌을 것이다.

엄마는 퍼스트 멘토

이 책은 새로운 사회가 요구하는 인재를 키우기 위해 우리 교육은 어떤 노력을 하고 있는지 살펴보면서 학교의 변화를 들여다보고 있다. 또 이렇게 변화하고 있는 학교에서의 생활이 즐거워지기 위해 아이들은 무엇을 준비해야 하는지 그리고 엄마가 먼저 알아야 하는 것은 무엇인지 살펴보면서 나름대로 해결책도 제시하였다.

학부모가 먼저 이와 같은 흐름을 인지하고 정보를 파악하는 것은 자녀를 위해 매우 중요하다. 사회와 교육의 변화에 대한 인식이 없는 교육 방식은 소중한 내 아이에게 무용지물의 지식만을 줄 수 있다. 안타깝지만 이런 엄마들이 많은 것이 현실이다.

엄마는 아이에게 미래 사회에 통할 수 있는 역량을 개발해 주어야 한다. 아이는 엄마가 만들어주는 환경에 따라 달라질 수밖에 없다. 즉 엄마의 사고방식이 아이의 미래를 결정짓는다고도 말할 수 있다. 특히 초등학령기의 아이들은 작은 사회를 경험하는 첫 번째 단추를 꿰는 중요한 시기임을 잊지 말아야 한다. 이 시기의 경험은 미래 사회가 요구하는 가장 중요한 역량인 창의력과 상상력을 키우는 기초 틀을 제공할 것이며, 초·중·고 12년 공부의 기초체력을 만들어 줄 것이다.

지금은 4차 산업혁명의 시대라 한다. 증기기관의 발명으로 시작된 1차 산업혁명의 시대, 대량생산의 2차 산업혁명의 시대, IT 기반의 3차 산업혁명의 시대를 지나 가상공간과 현실의 물리적 공간이 서로 융합되는 4차 산업혁명의 시대가 막 출발하였다.

그러나 이런 세상의 변화를 아이들은 알아챌 수 없다. 부모가, 교사가, 사회가 아이들에게 알려줘야 한다. 미래 사회에 자신만의 역량을 가지고 좀 더 안정감 있고 안전하고 행복한 삶을 살 수 있도록 지금부터 준비해 주고 안내해 줘야 한다.

그 시작은 바로 엄마다.
아이 인생에 가장 중요한 퍼스트 멘토는 바로 여러분, 엄마다!

시대가 변하면 모든 것도 다 변하는 것이다.
옛날의 선(善)이 지금의 선으로 통용된다고 말할 수 없다.

- 한비자

참고문헌

《스팀 교육론》, 김진수, 양서원

《STEAM 융합교육의 이론과 실제》, David A. Sousa / Tom Pilecki, 다빈치북스

《에디톨로지》, 김정운, 21세기북스

《거꾸로 교실 거꾸로 공부》, 정형권, 더메이커

《아이의 미래를 바꾸는 학교혁명》, 켄 로빈슨, 21세기북스

《새로운 미래가 온다》, 다니엘 핑크, 한국경제신문

《읽기교육의 원리와 방법》, 이경화, 도서출판 박이정

《과학뒤집기 기본편, 심화편》, 도서출판 성우

《수학뒤집기 기본편, 심화편》, 도서출판 성우

《사이언싱 톡톡》, 도서출판 휘슬러

《관점을 디자인하라》, 박용후, 프롬북스

《유엔미래보고서 2045》, 박영숙 · 제롬 글렌, 교보문고

《독서의 기술》, 모티머 J.애들러, 범우사

《독서 교육론, 독서지도방법론》, (사)한우리독서문화 운동본부, 위즈덤북

《부모라면 하브루타로 교육하라》, 전성수, 예담

《생각의 탄생》, 로버트 루트번스타인 · 미셸 루트번스타인, 에코의서재

《스토리텔링 수학》, 신동엽, 북스토리

진보교육 '시즌2' 시작되다 – '보편적 교육 모델'로 힘 받은 혁신학교, 1500여 곳 더 늘어난다, 〈경향신문〉

'거꾸로교실의 마법' 정찬필 PD 인터뷰 – 김연지, 〈KBS, PD 저널〉

이대부속초 – 스팀시범학교 채제숙 교감 인터뷰, 〈WellNews〉

모차르트의 창의성, 교육 없으면 불가능, 김용운, 〈이데일리〉

선진국 융합교육의 현장을 가다 1회~4회, 윤샘이나 외, 〈서울신문〉

핀란드의 초 · 중등학교 융합교육 우수사례, 이동섭, 한국교육개발원

신문 읽으며 융합적 사고력 키운다, 김수진, 〈에듀동아〉

조선에듀 단독기획, 2016 대입자기소개서 가이드 서울시립대, 박지혜, 〈조선일보〉

실용중심개편, 스스로 질문하는 습관들여야, 김세영, 〈조선일보〉

2018년부터 고교 과학수업 핵심개념 위주로 바뀐다, 노재현, 〈연합뉴스〉

로버트 루트번스타인 "창의성은 타고나는 것이 아닌 교육을 통해 훈련하는 것이다", 정소현, 〈시사위크〉

85년간 노벨賞 85명…시카고大가 '똑똑해진' 비결은 古典 100권 읽기, 남정욱 교수의 명랑笑說, 〈프리미엄조선〉

2015개정교육과정, 이지수, 〈대전일보〉

개념의 神, 본질을 꿰뚫는 공부법 말하다, 임수아, 〈한라일보〉

정승제 강사 초청… 수능 만점ㆍ기적의 공부법 소개, 〈이투스〉

수포자 안되려면 서술 논술형 문항을 정복하라, 김재성, 〈에듀동아〉

신나는 공부, 긴문장과 서술형 문제를 정복하라, 서정원, 〈동아일보〉

서술형 평가대비, 과목별 학습, 엄정권, 〈독서신문 I〉

한국외국인학교, MIT 과학기술 세미나 개최, 김지만, 〈이뉴스투데이〉

주입식 탈피 학생참여 '거꾸로 교실' 과학 과목에 도입, 〈연합뉴스〉

인성교육으로 정서안정되니 성적도 쑥쑥, 손선우, 〈대구일보〉

인공지능, 〈전라일보〉

박영숙 유엔미래포럼 대표 인터뷰, 이미아, 〈한국경제〉

디지털 시대 메이커교육과 3D 프린팅, 송철환, 〈전자신문 기고〉

"당신도 메이커가 될 수 있다", 김효정, 〈주간조선〉

SKT 스마트 홈 광고 인기 IOT가 저런 거였어 – 조석근, 〈아이뉴스 24〉

이젠 인성교육이다, 정은혜, 정희순, 〈우먼센스〉

스티브 잡스처럼 코딩교육, 김은혜, 〈우먼센스〉

2036 우리아이 직업보고서, 김경민, 〈맘&앙팡〉

구글 무인 자동차, 〈위키백과〉

서술형논술형 평가문제 예시자료, 〈교과부〉

초등 사회 3~4학년군, 〈교과서〉

초등 과학 3~4, 5~6학년군, 〈교과서〉

수능수학 과목 개념의 중요성 – 수학강사 박근영, 〈EBS 입시설명회〉

'우리는 왜 대학에 가는가', 〈EBS 다큐프라임〉

나는 꿈꾸고 싶다, 〈EBS 다큐프라임〉

공부의 재구성, 〈EBS 다큐프라임〉

평생 직업은 없다, 학벌보다 배우는 힘을 키워라, 〈KBS2 여유만만〉

대소초등학교 사회 프로젝트 수업 동영상, 〈유투브〉

박경철 아주대 강연회

역발상마케팅, 〈나라닷컴 공식 블로그〉

진정한 SW교육은 이런 것이 아닐까, 〈교육전문가 네이버 블로그〉

우리는 왜 sw교육을 해야 할까, 〈교육전문가 네이버 블로그〉

레오나르도 다빈치와 견줄만한 천재 정약용, 〈예림당 블로그〉

자유학기제 시범학교, 성곡 중학교 학생의 소감편, 〈대구교육 블로그〉, 〈대구교육청〉

창의성 교육 현장 – IASA, 〈pareto82 블로그〉

참고문헌

융합하고 재구성하고 창조하는 아이가
미래 융합형 인재!

미래에 통하는 방식으로 자녀를 리드하라!

융합을 알아야
자녀 공부법이 보인다

2016년 5월 25일 1판 1쇄 발행
2018년 2월 10일 1판 5쇄 발행

지은이 ㅣ 조미상
펴낸이 ㅣ 이병일
펴낸곳 ㅣ 더메이커
전　화 ㅣ 031-973-8302
팩　스 ㅣ 0504-178-8302
이메일 ㅣ tmakerpub@hanmail.net
등　록 ㅣ 제 2015-000148호(2015년 7월 15일)

ISBN ㅣ 979-11-955949-5-5 (03590)
ⓒ 조미상, 2016

「이 도서의 국립중앙도서관 출판예정도서목록(CIP)은 서지정보유통지원시스템 홈페이지
(http://seoji.nl.go.kr)와 국가자료공동목록시스템(http://www.nl.go.kr/kolisnet)에서
이용하실 수 있습니다.(CIP제어번호: CIP2016011273)」